LETTRES A JULIE

SUR

L'ENTOMOLOGIE.

LETTRES A JULIE

SUR

L'ENTOMOLOGIE,

SUIVIES D'UNE
DESCRIPTION MÉTHODIQUE DE LA PLUS GRANDE PARTIE
DES INSECTES DE FRANCE,

Ornées de Planches,

DESSINÉES ET GRAVÉES PAR MM. LANVIN ET DUMÉNIL,

PAR M. E. MULSANT.

TOME II.

LYON.

LOUIS BABEUF, ÉDITEUR, RUE ST-DOMINIQUE, N° 2.

PARIS.

TREUTTEL ET WURTZ, RUE DE BOURBON, N° 17.
LEVAVASSEUR, PALAIS-ROYAL.
1830.

LETTRES A JULIE.

COLÉOPTÈRES HÉTÉROMÉRÉS [1].

Familles.

- **Bouche**
  - **Non allongée en forme d'un museau portant les antennes.**
    - **Tête sans cou et sans rétrécissement brusque par derrière.**
      - **Antennes grossissant vers l'extrémité ; tarses postérieurs presque toujours entiers.**
        - Antennes grenues, avec le 3e article allongé . . les TÉNÉBRIONS.
        - Antennes de la longueur du corselet en masse souvent perfoliée . . . . . . les DIAPÈRES.
      - **Antennes filiformes ou diminuant vers l'extrémité et non perfoliées ; tarses postérieurs sous-bilobés.**
        - Élytres larges, tarses postérieurs entiers . . . . . les CISTÈLES.
        - Élytres rétrécies ; pénultième article des tarses postérieurs bilobé. . . . les OEDÉMÈRES.
    - **Tête triangulaire, séparée du corselet par un rétrécissement brusque en forme de cou.**
      - Élytres courtes ou rétrécies, tarses postérieurs entiers ; crochets presque toujours sans dentelures. . . . . les MORDELLES.
      - **Élytres larges.**
        - **Pénultième article des tarses bilobé ; crochets sans dentelures.**
          - Antennes pectinées . . les PYROCHRES.
          - **Antennes simples.**
            - Corselet en forme de cœur ou formé d'un ou deux nœuds. les NOTOXES.
            - Corselet cylindracé ou carré. . . . . . . les LAGRIES.
        - Pénultième article des tarses simples ; crochets doubles ou profondément divisés . . . . les CANTHARIDES.
  - Allongée en forme d'un museau, portant les antennes . . . 2

1 Étym. Ἕτερος, diversifié, μέρος, partie.

2 Nous avons cru devoir confondre avec la famille des Bruches les Hétéromérés, qui trouveraient ici leur place, parce qu'ils semblent se ranger plus naturellement dans la division suivante.

Les Ténébrions *

*Bouche non allongée en forme d'un museau portant les antennes ;
tête sans cou et sans rétrécissement brusque par derrière ; tarses
postérieurs presque toujours entiers ; antennes grenues, grossissant vers l'extrémité avec le 3e article allongé.*

Caractères. Antennes toujours insérées sous les bords latéraux
et avancés de la tête. — Corps ordinairement ovale ou oblong.
— Élytres souvent soudées, embrassant le ventre.

Les larves sont hexapodes.

Ces insectes sont ordinairement revêtus de couleurs sombres.
On les trouve dans les terrains arides, sablonneux et exposés au
soleil, et souvent dans les réduits les plus obscurs ou les lieux
les plus malpropres.

---

* Ténébrion, *Tenebrio.* Linné. (*Tenebrio*, qui fuit la lumière). Ils forment
la famille des *Melasomes* (μέλας, noir ; σῶμα, corps ;) de MM. Latreille
et Lamarck, et celles des *Ténébricoles* (*tenebræ*, ténèbres ; *colere*, habiter ;)
ou *Lygophiles* Λυγῆ, ténèbres ; φιλεῶ, j'aime ;) et des *Lucifuges* (*lux*, lumière; *fugere*, fuir ;) ou *photophyges* (φῶτὸς, de la lumière; φυγας, fuyard ;)
de M. Duméril.

Lettre Trente-quatrième.

LES TÉNÉBRIONS.

Toulon, 29 juin.

Je comptais partir d'ici ce matin, et continuer ma route sur un petit navire qui doit mouiller à quelques milles ;

> Mais, échappés de leurs grottes profondes,
> Les fils d'Éole furieux
> Bouleversent les mers, font bouillonner leurs ondes,
> Et poussent leurs flots jusqu'aux cieux.

Avide d'un spectacle si nouveau pour moi, je me suis éloigné de la ville, pour aller, rêveur solitaire, observer avec plus d'attention ce phénomène imposant. C'est de dessus un rocher qui domine les montagnes liquides qui s'élèvent et s'abaissent sans cesse, que depuis plus de trois heures je suis à contempler avec une surprise mêlée d'horreur, ces vagues menaçantes qui se poussent, se succèdent avec une rapidité inconcevable, s'allongent sur le rivage qu'elles couvrent d'écume, s'engouffrent avec un murmure confus dans les ouvertures caverneuses qui hérissent les bords ou qui jaillissent en poussière humide, en se brisant avec fracas contre les rocs qu'elles inondent.

Quel Dieu protecteur sauvera d'une ruine presque inévitable les malheureux esquifs qui luttent contre ces eaux courroucées? Il y a de quoi frémir de les voir, tristes jouets de la tempête, paraître et disparaître tour à tour, et sembler s'engloutir pour jamais dans ces profonds abîmes!

> Dans ce moment, peut-être, hélas!
> Une jeune épouse éperdue,
> Vers cette liquide étendue,
> Tremblante, vient porter ses pas;
> Pour l'époux qu'attend sa constance,
> Son cœur redoutant le trépas
> Le cherche sur ce gouffre immense,
> Suit tous les navires de l'œil,
> Et dans chaque flot qui s'avance
> Voit les rayons de l'espérance
> Ou les sombres horreurs du deuil.
> Peut-être encor dans le silence,
> Et par la tristesse abattus,
> D'autres pleurent-ils à l'avance
> Leurs amis qui vont n'être plus!
> Ah! je frissonne à leur souffrance
> Et je partage leur douleur;
> Je sens trop les maux de l'absence
> Pour ne pas plaindre leur malheur.
>
> Mais de cette sombre peinture
> Éloignons nos yeux pour jamais;

Revenons aux rians sujets
Que nous présente la nature.

Les Ténébrions, dont j'ai capturé ce matin plusieurs espèces, me fourniront dans leur histoire une occasion nouvelle de piquer votre curiosité.

Les uns, amis de l'ombre et de l'obscurité, ainsi que leur nom l'indique, se cachent sous les pierres, sous les feuilles humides, dans les réduits obscurs de nos caves, souvent même dans les lieux les plus malpropres de nos maisons, et ne sortent à pas lents de leur retraite, qu'au moment où le soleil a disparu. Une de ces espèces hideuses, attirée par la chaleur ou par les émanations de notre corps, vient quelquefois jusque dans son lit réveiller l'habitant des campagnes; si ce malheureux cherche alors par quelle cause son repos a été troublé, si sa main frémissante rencontre cet animal fétide, les idées les plus sombres de spectres et de revenans viennent s'offrir à son imagination crédule et éloignent le sommeil de ses paupières agitées : de là vient le nom de *Porte-malheur* ou d'*Annonce-mort*, sous lequel cet insecte est connu, même des naturalistes. Il faut vous dire qu'il a la propriété dégoûtante de répandre, dès qu'on le touche, une huile empestée dont l'odeur s'attache obstinément aux doigts et poursuit long-temps l'odorat qui en a été frappé. Croiriez-vous cependant que malgré le peu d'intérêt que puisse offrir ce petit monstre, la nature s'est occupée de lui d'une manière toute particulière ?

En fixant dans l'empire des ténèbres, son séjour habituel, elle lui a donné les moyens d'entretenir de loin, avec sa compagne, une correspondance mystérieuse. La femelle a, pour cet usage, sous les premiers anneaux du dessous du ventre, une brosse formée de poils roides, avec lesquels elle produit un frémissement particulier, en les frottant contre les corps durs sur lesquels elle repose. Il est inutile d'ajouter que l'organe auditif de son époux reçoit avec ravissement et d'une manière rapide cette strideur agréable.

> Le son de voix de notre amie
> A je ne sais quoi d'enchanteur,
> Qui chatouille toujours notre oreille ravie
> Et fait tressaillir notre cœur.

Peut-être le drôle, par un raffinement de volupté, feint-il quelquefois de ne point entendre de suite ce murmure séduisant, pour se faire répéter une invitation qui est pour lui l'annonce du bonheur.

Une autre espèce de ces animaux lucifuges, moins dégoûtante, mais plus nuisible, s'introduit dans nos maisons, principalement chez les meuniers et les boulangers, s'y tient cachée dans les fentes des planchers, sous la protection de nos dieux lares, et pour prix de l'hospitalité que nous lui donnons, nous fait une guerre active en ravageant, dans son enfance, la substance précieuse dont l'homme fait son pain journalier. Vous ne blâmerez donc pas la cruauté de ceux qui nourrissent les rossignols qu'ils retiennent captifs, avec ces *vers de la farine*, remarquables par leurs six pieds, leur corps lisse et d'un jaune d'ocre, ou qui s'en servent pour amorcer le peuple couvert d'écailles, qui habite les eaux.

Les autres Ténébrions, par un contraste frappant, recherchent d'une manière remarquable la lumière et la chaleur. Je vous montrerai, à votre retour, dans les terrains arides de nos montagnes, un de ces individus dont la robe noire est toujours tellement couverte de poussière, qu'on dirait voir la couleur naturelle de son corps dans ce déguisement, dont il se sert sans doute, à l'exemple du Rodilard du bon La Fontaine, pour se rendre moins reconnaissable. La plupart des autres espèces qui sont privées d'ailes, ainsi que la majeure partie de celles de cette famille, n'habitent guère que les pays qui avoisinent les tropiques. Il en est qui ne se rencontrent que dans les plaines sablonneuses où l'Africain est brûlé de l'astre qui l'éclaire, ou dans les champs sans verdure qu'ose seul traverser l'Arabe des déserts; mais plusieurs ne dédaignent pas nos provinces méridionales. On les voit, sous ce ciel sans nuages, braver les feux les plus violens du soleil, au pied des rochers nus qui repoussent les aquilons, ou le long des murailles, où l'encens le plus impur monte souvent jusqu'au nez des dieux termes.

Adieu, Julie, les vents impétueux qui mugissent toujours sur ces bords dérangent tous mes projets, rendent incertain le moment de mon départ, et me forceront peut-être à changer mon itinéraire.

J'ignore alors vers quelle plage
Mes désirs, mon humeur volage,
Pousseront mes pas curieux ;
Mais quels que soient les nouveaux cieux,
Quel que soit le lointain rivage
Qui vienne s'offrir à mes yeux,
Votre souvenir, votre image,
Me suivront sans cesse en tous lieux.

Les Diapères.[*]

Bouche non allongée en forme d'un museau ; tête sans cou et sans rétrécissement brusque par derrière ; tarses postérieurs toujours entiers ; antennes au plus de la longueur du corselet, en masse souvent perfoliée.

Caractères. Antennes en massue ou quelquefois seulement grossissant insensiblement, le plus souvent insérées sous les bords latéraux de la tête. — Tête saillante, ne s'enfonçant pas dans une échancrure du corselet. — Corps souvent bombé ou convexe. — Jambes quelquefois épineuses.

Les larves de ces insectes ont le corps mou, divisé en douze anneaux et la tête écailleuse.

On les trouve principalement dans les champignons, sous les écorces, etc.

---

[*] Diapère, *Diaperis.* Geoffroy. (Διαπείρω, je perce au travers.) Ces insectes forment la famille des *Taxicornes* (*taxus*, if ; *cornu*, corne;) de MM. Latreille et Lamarck, et celle des *Fongivores* (*fungus*, champignon; *vorare*, dévorer;) ou *Mycétobies* (μύκης, champignon; βίους, qui vit;) de M. Duméril.

Lettre Trente-cinquième.

LES DIAPÈRES.

1er juillet.

Jugez de la surprise agréable que j'ai dû éprouver hier matin, lorsqu'à mon lever je trouvai un changement complet dans l'atmosphère.

> Les vents impétueux qui sifflaient dans les airs,
> Aux paisibles zéphirs avaient cédé la place :
> Les flots ne couraient plus sur l'humide surface;
> Ils ne se brisaient plus contre les rocs déserts,
> Et la vague terrible, oubliant sa furie,
> Tranquille s'était assoupie
> Sur le lit azuré des mers.

Il ne me restait qu'à remercier mon hôte, M. R***, officier de marine distingué, avec qui le hasard m'avait fait lier connaissance, qui m'avait reçu comme s'il m'eût attendu depuis long-temps, et m'avait fait des amitiés, comme si toute la vie nos cœurs se fussent entendus. Il voulut m'accompagner jus-

qu'au navire qui devait m'éloigner de lui et rester
sur le port, après nous avoir vu appareiller, jusqu'à
ce qu'il ne fût plus possible de distinguer les mouvemens de nos bras, qui, dans un langage télégraphique, exprimaient nos derniers adieux. Bientôt
la ville elle-même disparut à notre vue, et en
quelques heures je fus transplanté sur les bords
d'où je vous écris. Mais de quel ravissement ne
fus-je pas saisi, en considérant les lieux nouveaux
où j'abordais! Tout ce que je voyais semblait m'offrir les illusions d'un rêve ou les prestiges d'une
féerie. Sur quelle terre, me disais-je, ai-je donc mis
les pieds ?

> Suis-je dans l'île de Délos,
> Dans les vallons d'Amathusie,
> Aux champs de l'antique Paphos,
> Ou dans les bosquets d'Idalie ?
> D'où viennent ces douces odeurs,
> Cet air embaumé qu'on respire ?
> La reine charmante des fleurs
> A-t-elle ici, près de Zéphire,
> Arrêté ses pas pour toujours ?
> De Vénus est-ce là l'empire
> Et le siége heureux des amours ?

Plus j'avançais dans le pays pour le reconnaître,
plus je sentais croître mon étonnement. De tous
côtés, dispersés au hasard ou réunis en bosquets,
des citronniers, des grenadiers, des orangers, couverts de fleurs ou de dons plus riches encore, m'offraient ce que la terre a de plus rare, ce que l'œil
peut admirer de plus gracieux.

> En voyant ces fruits d'or, dont mes regards avides
> De loin caressaient la beauté,
> Je croyais être transporté
> Dans les jardins des Hespérides.

Les campagnes délicieuses d'Hyères, dans lesquelles je me trouvais, ne leur cèdent assurément rien en richesses et en charmes; il faut les voir, pour juger de la puissance de la nature et connaître l'étendue de ses merveilles. Dans l'émotion dont j'étais pénétré, je ne pus m'empêcher de m'écrier avec le pasteur de Mantoue :

> Sous ces ombrages verts, auprès de ces fontaines,
> Dans ces prés qui de fleurs couvrent au loin les plaines,
> Heureux auprès de vous, que ne puis-je toujours
> Au gré de mes désirs voir s'écouler mes jours [1]!

Mais un souvenir de nos montagnes fit bientôt évanouir ce désir, en me prouvant tout l'empire qu'a sur nos cœurs l'amour du pays natal. Absorbé par les idées un peu mélancoliques que m'inspirait mon éloignement des lieux qui me sont chers, j'errais solitaire sur les bords de la mer, lorsqu'une découverte intéressante vint me tirer de la rêverie où j'étais plongé.

J'aperçus, en soulevant des varecks, un petit Coléoptère, qu'à son air de famille je reconnus pour appartenir aux Diapères, et qui, surpris de ma vi-

---

[1] *Hic gelidi fontes, hic mollia prata,*
Hic nemus, hic ipso tecum consumerer ævo!
VIRG., Eclog. 10.

site, cherchait à se blottir sous des corps environnans pour se soustraire à ma vue. Le drôle n'avait pas tort; car après l'avoir pris et examiné avec soin, je le trouvai assez digne de mon attention pour lui faire l'honneur de l'embrocher et de le mettre en réserve. Je sondai aussitôt le terrain environnant pour tâcher de découvrir quelques-uns de ses analogues, et je fus assez heureux pour en capturer plusieurs en grattant le sable, où ces petits compères s'étaient déjà enterrés. C'est là, sans doute, qu'ils trouvent en tout temps une nourriture suffisante, dans les matières que la mer rejette sur ses bords, et qu'ils se réfugient quand les flots irrités inondent la plage et menacent de les entraîner.

Dans nos champs et nos forêts, il n'est pas rare de trouver des individus liés par des rapports naturels avec ceux dont je viens de vous parler. Les uns errent sur les plantes, grimpent sur les arbres et s'engraissent de la carie dont ils sont attaqués ; les autres se cachent sous les vieilles écorces, se contentent pour nourriture de leurs maigres débris, ou rendent à la terre des nouveaux sucs, en détruisant le bois pourri et les rameaux desséchés épars sur le sol.

Il en est dont les mœurs justifient parfaitement le nom que porte la famille : ils se logent en société dans les agarics et les bolets, dévorent, dès leur enfance, ces substances fongueuses en les transperçant d'outre en outre, et subissent, dans les dédales obscurs qu'il se sont ainsi pratiqués, les divers changemens qui doivent les conduire à l'état d'insecte parfait. Il n'est donc pas de moyen plus facile pour obtenir ces espèces de Diapères, sous leurs plus belles formes, que de placer sous une cloche de verre un champignon attaqué par leurs larves, espèce de vers allongés, mous, et dont la tête seule est écailleuse : au sortir de leur dernière métamorphose elles se trouvent nos captives, comme ces petits musiciens emplumés, esclaves de nos plaisirs, dont nous tenons les parens en servitude et qui viennent au jour dans nos maisons, loin des lieux couronnés de verdures où reposait le nid de leurs aïeux.

La nature, toujours attentive à détruire ses propres œuvres dès qu'elles ne sont d'aucune utilité pour l'homme, ou qu'elles peuvent même lui devenir nuisibles, semble donc n'avoir créé les êtres réunis dans ce groupe, que pour faire disparaître plus promptement de la surface de la terre les substances cryptogamiques ou les autres matières végétales, dont la solution vicierait la pureté de l'air; mais que penser de cette bonne mère, qui a donné le blé pour nourriture à une des espèces de cette famille? car il faut vous l'avouer, on en connait une dont toute l'occupation est de dévorer cette semence qui coûte au colon laborieux tant de peines et de sueurs : toutefois, comme elle attaque de préférence les grains les plus vieux, peut-être la providence a-t-elle voulu,

par ces petits ennemis, avertir l'avare de ne point
garder trop long-temps entassées ces richesses végétales, qu'une main bienfaisante comme la vôtre emploie à se faire bénir des malheureux qui l'entourent.
Adieu, Julie :

> Demain, au lever de l'aurore,
> Je vais m'éloigner de ces bords,
> Qu'en tout temps le printemps et Flore
> Enrichissent de leurs trésors.
> Malgré l'éternelle verdure
> Qui pare ces rians bosquets,
> Malgré les dons les plus parfaits
> Dont les embellit la nature,
> Mon cœur n'éprouve aucuns regrets
> A fuir cette rive étrangère.
> Vainement ce climat si doux,
> Cet air si pur, si salutaire,
> Semblent-ils offrir à mes goûts
> Le plus beau séjour de la terre,
> Aucun lieu ne saurait me plaire
> S'il n'est pas habité par vous.

Les Cistèles[*]

Bouche non allongée en forme d'un museau portant les antennes; tête sans cou et sans rétrécissement brusque par derrière; antennes filiformes non perfoliées ; tarses postérieurs entiers.

Caractères. Antennes filiformes ou diminuant insensiblement de grosseur, ordinairement plus longues que la tête. — Corselet quelquefois rétréci ou échancré en devant. — Élytres communément molles et souvent plus larges que le corselet. — Tarses antérieurs quelquefois bilobés.

Ces insectes sont ailés et vivent dans les bois en état de larves.

---

[*] Cistèle, *Cistela*. Fabricius (Nom ancien, employé par Geoffroy pour désigner d'autres insectes.). Notre famille des Cistèles forme une partie de celle des *Sténélytres* (στενός, étroit ; ελυτρον, élytre ;) de MM. Latreille et Lamarck, et partie de celle des *Sylvicoles* (*sylva*, forêt ; *colere*, habiter ;) ou *Ornéphiles* (Ορνη, forêt ; φιλεω, j'aime ;) de M. Duméril.

Lettre Trente-sixième.

LES CISTÈLES.

2 juillet.

> Tandis que la nuit, à son tour,
> Fuit l'orient qui se colore,
> Et que la matinale aurore
> A la terre annonce un beau jour,
> Zéphire, qui dormait encore
> Sur quelques roses d'alentour,
> Quitte sa couche parfumée,
> Et de son haleine embaumée
> Doucement agite les airs ;
> Oubliant les jeux de la veille,
> Le jeune matelot s'éveille
> Et reprend ses travaux divers,
> Et bientôt les voiles dociles
> Arrondissent leurs flancs mobiles,
> Et la nef fend les flots amers.

Figurez-vous votre ami debout sur le tillac, faisant *in petto*, ses adieux à un rivage qu'il ne reverra peut-être jamais, et nouvel Énée, confiant ses destins au navire sur lequel il va chercher d'autres bords.

Jamais soleil plus pur n'a éclairé une mer plus tranquille ; jamais vent plus caressant n'a promis aux navigateurs un voyage plus favorable ; malgré ces heureux auspices, il est impossible je crois de voir fuir la terre sans éprouver une émotion indéfinissable.

J'ai jugé, à la conversation des personnes qui m'entourent, que je dois faire route avec quelques marchands, qui déjà calculent leur bénéfice et en réalisent la valeur. L'homme est partout le même :

> Il aime à se bercer d'une erreur agréable ;
> Au gré de ses désirs il forme maint projet ;
> Mais bien souvent, hélas ! il répète la fable
> De la laitière au pot au lait.

Moi, qui ne suis point exempt de cette faiblesse séduisante, mais dont les idées sont moins spéculatives, je me reporte par la pensée vers les lieux que vous habitez, je devance les temps, je m'enfonce dans l'avenir et je jouis par l'illusion de tout le bonheur que mon cœur se promet de goûter auprès de vous.

> Et quand ce rêve si flatteur
> Ne serait, hélas ! qu'un mensonge,
> Je chérirais encor l'erreur
> Qui peut produire un pareil songe.

Mais j'oublie le plaisir qui m'entraîne, pour suivre la science qui m'appelle. Enfonçons-nous sur ses pas dans ces forêts majestueuses, dont vos aïeux ont préparé les ombrages; soulevons les écorces presque desséchées qui enveloppent ces chênes séculaires; examinons les troncs sans vigueur de ces géants des forêts, nous serons étonnés des myriades incalculables d'insectes de toute espèce acharnés à leur faire la guerre. Les uns se logent dans leurs crevasses, y facilitent par leurs ravages l'introduction des eaux de pluie, et préparent ainsi la carie qui outrage la vieillesse de ces végétaux; les autres dévorent leur aubier, perforent leurs couches ligneuses, plus solides, et remplissent leurs flancs excavés de vermoulure et de débris, que d'autres vers, artisans laborieux, se chargeront de réduire en poussière plus fine.

Au nombre de ces divers destructeurs de nos bois, figurent les Cistèles dans leur premier état. Elles n'ont alors rien de bien remarquable : ce sont des larves dont la tête écailleuse est armée de tenailles tranchantes, capables de détruire les substances ligneuses; mais sous leur dernière forme, elles revêtent des couleurs généralement assez belles pour captiver nos regards. Les unes alors se retirent encore sous les écorces, près des nymphes qui protégèrent leur berceau; les autres se cachent dans les champignons où elles ont passé leur enfance; tandis que le plus grand nombre se répand dans nos prairies, y voltige des corymbes de la millefeuille sur les ombelles du sureau, ou se gorge avec délices de la liqueur sucrée que leur offre le tilleul en fleurs.

Dans le mois de juin, à l'époque où ces arbres répandent au loin les parfums qu'exhale leur corolle, vous rencontrerez facilement sur ceux qui embellissent les entours de votre habitation, la Cistèle *soufrée*, dont le corps est paré d'une robe d'un jaune clair, et dont la tête ordinairement inclinée semble s'engourdir sous la main qui la touche ; je l'ai du moins capturée fréquemment sur les dômes de votre avenue, dont l'ombrage a pour moi des charmes que je n'ai pu retrouver nulle part sous ce ciel étranger.

Sur ce sol éloigné de mon pays natal,
J'ai souvent admiré le cyprès funéraire
Élevant jusqu'aux cieux son front pyramidal ;
  Dans ces champs couverts de poussière,
J'ai vu les oliviers, symboles de la paix,
Croître près du laurier cher au dieu de la guerre
    J'ai maintes fois cherché le frais
    Au pied du figuier solitaire ;
    Sous l'arbre de la volupté,
Sous le myrthe odorant j'ai reposé ma tête ;
Le mûrier de Thisbé m'a quelquefois prêté
    Un abri contre la tempête ;
    Mais, ni ces riches végétaux,
    Ni cent autres pareils encore,
Dont le luxe à grands frais embellit nos châteaux,
Ne valent à mes yeux l'agreste sycomore
Ou le pin toujours vert qui couvrent nos coteaux.
Oui, ces arbres rivaux, dont l'orgueilleux feuillage
Frappe dans ces climats le voyageur surpris,
    A mes regards n'ont pas le prix
    Des arbres de notre village.
D'où leur vient dans mes goûts un tel désavantage ?

C'est que jamais sous leur ombrage
Je ne retrouverai les momens enchantés
Passés sous les tilleuls de votre voisinage,
Lorsque enfans tous les deux, et presque du même âge,
    Je reposais à vos côtés.

Les Oedémères [*].

*Bouche non allongée en forme d'un museau portant les antennes ;
tête sans cou et sans rétrécissement brusque par derrière ; antennes filiformes ou sétacées ; élytres rétrécies ; pénultième
article des tarses bilobé.*

Caractères. Antennes plus longues que le corselet, insérées
devant les yeux. — Bouche avancée en museau court, mais ne
portant pas les antennes. — Yeux saillans. — Corps étroit, allongé. — Cuisses postérieures parfois renflées dans leur milieu.
Dans l'état de larve ces insectes vivent dans les bois ; sous
leur dernière forme ils se trouvent principalement sur les fleurs.

---

[*] OEdémère, *OEdemera.* Olivier. (οιδέω, j'enfle; μέρος, cuisse.) Ces
petits animaux composent une partie de la famille des *Sténélytres* de MM. Latreille et Lamarck, et partie de celle des *Augustipennes* (*angusta*, étroite ;
penna, aile;) ou *Sténoptères* (στενός, étroit ; πτερόν, aile;) de M. Duméril.

Lettre Trente-septième.

LES ŒDÉMÈRES.

Arles, 4 juillet.

Vous allez croire sans doute qu'après avoir passé la journée à Arles, je vais vous entretenir des merveilles qui s'y rencontrent, c'est-à-dire, des femmes, qui jouissent de la réputation d'être les plus jolies de ces provinces méridionales.

> De leurs dehors séduisans
> J'aurais été frappé, peut-être,
> Si je n'avais dès long-temps
> Le plaisir de vous connaître.

Vous avez, en effet, tellement épuisé mon admiration pour tout ce que les personnes de votre sexe peuvent offrir de grâces et d'amabilité, qu'il ne m'en reste plus assez pour être émerveillé quand l'occasion s'en présente. Je veux néanmoins essayer de vous donner une idée des belles de ce pays.

Quatre doigts, en compas ouverts,
Peuvent embrasser leur corsage :
Amour, qui forma leur visage,
L'orna de mille attraits divers...
Mais, pourquoi vous décrire en vers
Les charmes dont ce dieu volage
A pris le soin de les pourvoir ?
En visitant votre miroir
Vous en verrez bien davantage.

Je laisse donc ce tableau à peine esquissé, pour vous parler de quelques merveilles d'un autre genre, de celles que la nature nous offre avec une variété inépuisable dans l'étude des insectes.

J'ai voulu mettre à profit les instans que nous devions passer dans ce lieu de relâche, pour parcourir les entours de la ville et accroître mon trésor entomologique des richesses qui abondent dans ces campagnes.

Il serait trop long et trop fastidieux de vous énumérer tous les petits animaux qui ont été dupes de mon adresse ; je ne vous entretiendrai donc que de ceux qui font partie de la famille des OEdémères, que la place qu'elle occupe dans le cadre méthodique que je vous ai tracé, appelle naturellement à faire le sujet de cette leçon.

Tout occupé du projet de vous offrir leur histoire, je demandais au hasard de me faire découvrir quelques espèces de ce genre : il exauça bientôt mes vœux. Sur la fleur hérissée d'un chardon qui s'élevait à quelques pas de moi, j'aperçus un insecte, qui, de prime abord, me semblait inconnu. Le caustique Piron aurait vu sans doute, dans cet animal, un destructeur des vivres des habitans de ces contrées; mais votre serviteur qui n'aime à exciter l'ire de personne, et qui n'a d'ailleurs aucun motif d'être en guerre avec les Provençaux, négligea cette réflexion injurieuse, pour s'occuper de cet individu d'une manière toute spéciale. Son corps, d'un bleu magnifique, avait attiré mes regards; ses étuis rétrécis à l'extrémité, ses cuisses postérieures renflées dans leur milieu, ne me laissèrent aucun doute sur sa nature : c'était une Œdémère. Cette conformation des cuisses que nous retrouverons dans quelques insectes sauteurs des familles suivantes, mais qui n'existe dans celle-ci que chez les mâles, semblerait annoncer que ces petits animaux doivent jouir aussi de la faculté de s'élancer par bonds, à certaines distances, comme la sauterelle ou le grillon : ils ne possèdent cependant pas cet avantage; mais en revanche, ils sont doués d'une agilité qui déjoue souvent les projets du chasseur qui leur fait la guerre.

Quel dommage que les savans ne nous aient donné jusqu'à ce jour aucun détail sur les mœurs de ces créatures intéressantes! car, il faut vous l'avouer, on ne sait encore rien, absolument rien sur les habitudes de leur enfance et sur l'industrie qu'elles déploient dans leur jeune âge. Soit que la difficulté de les rencontrer sous leur première forme ait fait négliger leur étude, soit que pour les suivre dans l'état de larves, il faille un zèle et une patience qui ne se rencontrent que dans quelques enthousiastes, leur histoire est encore tout entière à éclaircir. Au reste, l'entomologie nous offrira d'autres fois, dans des incertitudes semblables, l'occasion de remarquer que la science est loin de nous avoir révélé tous ses secrets. Tâchons donc d'obtenir quelques-unes des palmes réservées aux auteurs des nouvelles découvertes, et efforçons-nous d'associer nos noms à ces noms immortels qu'une admiration toujours croissante ne cesse de proclamer dans le temple de la nature. C'est en faisant des réflexions sur ce sujet et en me berçant ainsi de songes de gloire, que j'ai regagné mon hôtel, où l'ennui attend souvent le voyageur inconnu.

> Dans ces demeures peu riantes,
> Pour tromper les heures trop lentes
> Que loin de vous je dois compter,
> Je griffonne dans le silence
> Ces petits vers que la science
> Se charge de vous présenter ;
> Mais vingt fois, pendant cet ouvrage,
> Oubliant que je vous écris,
> Le souvenir, comme un mirage,
> Vous offre à mes regards surpris ;
> Et quand plein d'une douce ivresse,
> De cette erreur enchanteresse
> Avec délices je jouis,
> D'une illusion si volage
> Soudain le charme se détruit....
> Un rien m'enlève votre image,
> Et mon bonheur s'évanouit.

Les Mordelles *

Bouche non formée d'un museau portant les antennes; tête trian-gulaire, séparée du corselet par un rétrécissement brusque en forme de cou; élytres courtes ou rétrécies; tarses postérieurs entiers; crochets presque toujours sans dentelures.

Caractères. Antennes en fil ou grossissant quelquefois un peu vers le sommet, souvent en scie, en peigne ou en éventail dans les mâles. — Tête inclinée vers la poitrine. — Corselet rétréci en devant. — Écusson parfois nul. — Corps bombé, arqué. — Ab-domen terminé en pointe dans quelques femelles.

Dans l'état de larve, ces petits animaux vivent dans les vieux bois ou aux dépens de quelques insectes. Sous leur dernière forme on les rencontre sur les fleurs.

---

* Mordelle, *Mordella.* Linné. (*Mordeo*, je mors; traduit par Gaza de ὀρσοδάκνη, nom employé par Aristote, liv. v, ch. 19, pour désigner une espèce d'insecte. Le terme grec est lui-même formé de deux mots, ὄρω, j'excite, et δάκνω, je mords.) Ces insectes composent la tribu des Mordel-lones de la famille des *Trachélides* (τράχηλος, cou;) de M. Latreille; partie de la division des *Trachélides* de Lamarck, et partie de la famille des *Angustipennes* (*angusta,* étroite; *penna,* aile;) ou (στενός, étroit; πτερόν, aile;) de M. Duméril.

Lettre Trente-huitième.

LES MORDELLES.

6 juillet.

Nous avons quitté ce matin la ville d'Arles pour remonter le Rhône; mais depuis quelques heures le vent a tourné, et nous voilà arrêtés en beau chemin. Qu'un contre-temps à peu près pareil désolerait des courtisans!

> Les marins et les gens de Cour
> Ont un destin presque semblable :
> Le vent qui leur est favorable
> Ne dure souvent pas un jour.

Tandis que mes compagnons de voyage, dépités de ce retard, cherchent sur le rivage où nous sommes descendus mille moyens ingénieux pour abréger la fuite du temps, assis sur le bord de ce fleuve qui arrose les campagnes charmantes du Lyonnais, je me rapproche par l'illusion des lieux que vous habitez; il me semble déjà être environné de l'air que

vous respirez, ou même vous apercevoir à quelque
distance, auprès de ces ondes qui roulent à mes pieds.

> Si l'aune ou le saule débile
> Se peignent alors dans les eaux,
> Si je vois leur ombre mobile
> Suivre les caprices des flots,
> Mon regard, enchaîné par le désir volage,
> Erre sur ce fleuve d'azur,
> Et croit que son cristal si pur
> Lui doit réfléchir votre image.
>
> Si Zéphire sur ce rivage
> Murmure au sein de quelque fleur,
> Si le flot caresse la plage
> Où vient s'éteindre sa fureur,
> A ce bruit incertain, mon oreille attentive
> Croit encore entendre parfois
> Le son lointain de votre voix
> Qui vient expirer sur la rive.

Mais bientôt je reconnais tout le vide de cette illusion : ce ciel brûlant n'offre pas la douceur de celui
de nos campagnes; les bosquets qui ombragent nos
coteaux manquent à ces plaines moins riantes, et
vous n'êtes pas là pour leur prêter des charmes.

Cependant si la nature n'orne pas ces lieux de
cette verdure si fraîche qui donne tant de prix à
nos montagnes, elle n'y est pas moins féconde dans
la diversité des êtres qu'elle a disséminés dans ces
champs. Plusieurs même de ces petits animaux
qu'elle semble reléguer plus particulièrement dans
ces chauds climats, tels que les Mordelles, dont je
vais vous esquisser l'histoire, nous donneront en-

core l'occasion de remarquer que notre admiration ne saurait s'épuiser dans l'étude de ses œuvres.

Il ne faut pas une grande habitude pour distinguer de tous les autres Hétéromérés, ceux qui composent cette famille. Soit qu'ils s'abreuvent de la liqueur qui découle des plaies de certains arbres, soit qu'ils sucent le nectar de l'inule ou de la chicorée, soit qu'ils semblent sommeiller dans les corolles carnées de la ronce, leur corps court, arqué, rétréci à l'extrémité, leur tête généralement inclinée, les font bientôt reconnaître au premier coup d'œil. Il faut voir alors avec quelle adresse ils savent se soustraire au danger, dès qu'on cherche à les inquiéter. Les uns se plongent à l'instant dans un état léthargique volontaire et se laissent tomber à terre sans s'inquiéter des dangers de la chute; les autres échappent par des sauts irréguliers à la main qui les poursuit ; tandis que plus adroits encore, d'autres favorisés par la structure de leur corps, se replient sur eux-mêmes, en rapprochant leur tête de l'extrémité de leur ventre, se glissent dans cette position, avec une prestesse admirable, à travers les intervalles des doigts du chasseur qui les a saisis, et se rient bientôt de sa puissance en lui échappant malgré toutes ses précautions pour les retenir. Mais aussi c'est là tout leur moyen de défense : je ne sais donc comment justifier à vos yeux le nom de Mordelle , qui semblerait indiquer que ces insectes cherchent à mordre ceux qui leur font la guerre.

On n'a pas encore des notions bien exactes sur l'existence et les mœurs de toutes les espèces de cette famille. La plupart sont à juste titre soupçonnées de vivre dans les champignons et dans les vieux bois dont elles hâtent la destruction. Aussi pour remplir cette intention de la Nature, les femelles de ces petits animaux ont-elles l'extrémité du ventre terminée par une pointe ou oviducte, qui leur sert à faire glisser et à introduire sous les écorces et dans les fentes des arbres presque desséchés, les semences qui doivent produire les larves voraces qui réduiront ces troncs en poussière et en vermoulure.

D'autres individus de ce groupe dont la tête est ornée de panaches, comme celle des chefs des tribus indiennes, semblent aussi destinés, par leur genre de vie, à combattre des ennemis redoutables. On sait, en effet, d'une manière positive, que quelques-uns déposent leurs œufs dans les nids de plusieurs Guêpes, et que leurs jeunes vers dévorent les larves de ces frélons dangereux, qui font tant de dégats à nos fruits à mesure qu'ils arrivent à maturité, et qui osent même quelquefois nous faire payer cruellement le plaisir que nous éprouvons à les punir de leur audace.

Ainsi, plus on étudie les œuvres de la Nature, plus on découvre tout ce qu'il y a de sagesse dans ses desseins et de bienveillance dans ses soins pour les hommes. Qu'on ne murmure donc pas que sa main avare semble nous retirer les dons qu'elle nous offre, en abandonnant au hasard la conservation de nos propriétés, attaquées avec fureur par des myriades d'insectes différens. Si quelques-uns, malfaisans et destructeurs, menacent de ruiner et d'anéantir nos récoltes, d'autres espèces naîtront pour nuire à leur propagation et diminuer leur nombre sur la terre.

Adieu, Julie :

Il faut cesser de vous écrire;
J'entends l'organe de Stentor
Du patron de notre navire
Qui remplit l'office d'un cor,
Et nous avertit que Zéphire
A remplacé le vent du nord.
Au bruit d'une telle crécelle,
Déjà tout passager fidèle
Commence à remonter à bord,
Et bientôt du fleuve qui gronde
Notre vaisseau va fendre l'onde,
Et de ses flots braver l'effort.
Adieu donc, rives solitaires!
Champs stériles, fleurs passagères,
Échos muets, rochers déserts!...
O vous, dont les ailes légères
Franchissent l'empire des airs;
Vous, dont le vol est plus rapide
Que celui du trait homicide
Qui part du séjour des éclairs,
Vents favorables, vents prospères,
Loin de ces plages étrangères
En diligence entraînez-nous;
Que ne puis-je, en ce moment même,
Aux lieux où vit celle que j'aime,
Voler aussi vite que vous!

Les Pyrochres.[*]

Bouche non allongée en forme d'un museau portant les antennes ; tête triangulaire séparée du corselet par un rétrécissement brusque, en forme de cou ; élytres larges ; pénultième article des tarses bilobé ; crochets sans dentelures ; antennes pectinées.

Caractères. Antennes de onze articles, pectinées dans les deux sexes, mais plus fortement dans les mâles, insérées devant les yeux. — Tête dégagée du corselet, un peu penchée. — Yeux échancrés. — Corselet arrondi. — Corps déprimé. — Élytres flexibles, plus larges vers l'extrémité.

Larves hexapodes.

Ces insectes sont revêtus ordinairement de couleurs rouges. On les trouve au pied des haies ou sous les écorces.

---

[*] Pyrochre, *Pyrochroa.* Geoffroy. (πυρ, feu ; ὤχρος, jaune.) Ils font partie de la famille des *Trachélides* de MM. Latreille et Lamarck, et de celle des *Sylvicoles* ou *Oxnéphiles* de M. Duméril.

Lettre Trente-neuvième.

LES PYROCHRES.

Beaucaire, 10 juillet.

S'il est vrai que pendant onze mois de l'année la ville de Beaucaire, que je connais depuis trois jours, offre une tristesse si silencieuse qu'un étranger qui y aborderait croirait y trouver les temples d'Harpocrate ou de la déesse Muta, elle a dans ce moment un air si vivant,

> Qu'à voir cette foule importune,
> Ce mouvement continuel,
> On penserait que la fortune
> Dans ce lieu seul a son autel.

Un Entomologiste qui regarderait, par le petit bout d'une lunette, ces gens de toute espèce qui sortent continuellement de la cité, ou y rentrent souvent chargés de fardeaux, se persuaderait qu'il a sous les yeux l'image d'une de ces habitations élevées en monticules, où les fourmis industrieuses amassent

en commun le butin qu'elles font dans les champs;
mais il existe dans les mœurs de ces deux peuples
une différence notable: chacun ici travaille pour soi.

> L'égoïsme aux dix doigts crochus,
> A l'œil avide, au cœur de glace,
> Tient exclusivement la place
> Des patriotiques vertus,
> Dont on trouve toujours la trace
> Chez nos petits individus.

Si vous voulez avoir une idée de la foule qui,
chaque année, se rassemble dans ces lieux à pareille
époque, transportez-vous en idée, après le coucher
du soleil, au milieu de ces allées ombragées qui
servent d'ornemens à la ville; représentez-vous, sur
une longueur d'un quart de lieue, des promeneurs
qui ne peuvent faire quelques pas, ou jouir du plaisir
de converser avec leurs voisins, sans être arrêtés à
chaque instant par les flots de peuple qui inondent
ce champ public.

Un Parisien qui se trouverait transplanté au sein
d'un tourbillon semblable, soupçonnerait assister à
la sortie d'un de ces opéras, où MM^{mes} Sontag, Mali-
bran, Heinfetter réunissent tous les Dilettanti par
les accens mélodieux de leurs voix divines; où l'aé-
rienne Taglioni surprend, ravit et attache les spectateurs par ses grâces et sa légèreté; il s'imaginerait être
englobé dans une de ces nuées d'amateurs qui se
portent au palais, lorsque les Dupin, les Berryer, les
Barthe, les Mérilhou, doivent faire retentir les voûtes

du sanctuaire de la justice des foudres de leur élo-
quence; ou il croirait enfin être entrainé à un de
ces cours savans, où les Cuvier, les Villemain, les
Cousin, attirent un concours si prodigieux d'auditeurs.

Malgré les embarras qu'occasione sur cette promenade publique la population trop nombreuse qui
l'envahit, je viens chaque soir, à l'exemple commun,
admirer, sous ces dômes de verdure, le tableau
mouvant et animé qui s'y déploie, et goûter dans
la fraîcheur délicieuse qu'on y respire, tous les
charmes que la nuit peut offrir. Mais le jour me procure mille autres plaisirs : j'ai déjà parcouru presque
tous les alentours, et trouvé dans chaque course un
dédommagement aux fatigues qu'on éprouve sous
les ardeurs de ce soleil méridional.

Parmi les insectes dont je me félicite d'avoir fait
la capture, je vous offrirai à mon retour quelques
Pyrochres, coléoptères charmans dont les habitudes
ont quelque analogie avec les vôtres, s'il m'est permis d'établir cette comparaison.

> Comme vous, assurés de plaire
> Par leurs grâces et leur beauté,
> Ils semblent, dans l'obscurité,
> Chercher sans cesse à se soustraire
> A notre hommage mérité.

On les trouve ordinairement, en effet, dans les
lieux retirés, sur les gazons ombragés par des haies,
sur les rameaux des buissons les plus épais, souvent
même sous les écorces des Nestors de nos forêts,

et si parfois ils quittent leur retraite solitaire, ce
n'est qu'aux approches de la nuit qu'ils osent, d'un
vol timide et peu bruyant, chercher un nouvel asile
pour y échapper encore à nos regards.

J'avais eu déjà l'occasion d'admirer ce goût pour
la solitude dans quelques individus de cette espèce,
trouvés au pied de ces viornes, dont les fleurs réunies en globes de neige, embellissent chaque printemps une des extrémités de votre jardin. J'étudiai
alors leurs mœurs d'une manière toute particulière :
je vais vous faire jouir du fruit de mes observations.

Ce n'est pas sans motif qu'on voit les Pyrochres
préférer les lieux chéris des Dryades à ceux où Flore
étale ses dons les plus brillans : les vieux bois, qui
donnent à tant d'insectes le vivre et le couvert,
servent exclusivement de nourriture à ces petits
animaux sous leur première forme. De là, leur présence habituelle près de ces troncs desséchés qui
ont servi de berceau à leur enfance, et qui doivent
encore, au crépuscule de leurs jours, recevoir le
dépôt précieux qui assure la perpétuité de leur race.
Dès que la larve de ces petites créatures est sortie
de l'œuf qui l'enfermait, elle met en œuvre l'industrie qui lui a été départie ; c'est-à-dire, elle perfore
les rameaux presque dépourvus de sève qui la cachent,
et se pratique dans leur sein des routes ténébreuses,
au milieu desquelles elle se cramponne souvent, à
l'aide de deux crochets qui terminent son corps
déprimé. Mais je vous avoue qu'il faut avoir suivi ces

insectes jusqu'à leurs dernières métamorphoses,
pour reconnaître alors dans un ver à six pieds l'espèce de bourgeon animal d'où doit sortir un de ces
êtres brillans, bien faits pour nous intéresser par
leur port élégant, leurs antennes découpées en dents
de scie, et surtout par la beauté de leur robe d'un
rouge de feu, à qui ils doivent la dénomination
qu'ils ont reçue.

L'illustre Geoffroy avait appelé Cardinale la seule
Pyrochre qu'il connaissait, parce que la couleur de
son corsage rappelle celle de la pourpre qui couvre
les rois et les princes de l'Église; car les puissans
de ce monde se reconnaissent toujours à quelques
marques extérieures; mais, hélas! ni les titres pom-
peux dont ils sont parés, ni les vêtemens somp-
tueux dont ils brillent, ne leur donnent le bonheur
qui semble les fuir. Il suffit de les approcher, pour
être convaincu de cette triste vérité.

> Dans ces riches châteaux, ces palais éclatans,
> Où le luxe imposteur embellit toutes choses,
> Où nous croyons de loin que sur des lits de roses
> Ces mortels demi-dieux sont bercés par le temps,
> J'ai vu l'ambition, sous des dehors brillans,
> Cacher sous un air faux le chagrin qui la ronge,
> S'adjoindre les ennuis pour tourmenter les grands,
> Les enivrer d'espoir, les amuser d'un songe
> Ou d'un fantasque objet qui fuit dans l'avenir,
> Et j'ai dit : Ce n'est qu'un mensonge
> Que la félicité dont ils semblent jouir.
> Dans l'avenir aussi si mon regard se plonge,
> 		Combien mes vœux sont differens!

Ils hâtent ces trop longs instans,
Où vous devez être rendue
Aux lieux qu'habitent vos parens :
Ils devancent ces heureux temps,
Me montrent votre bienvenue,
Et de votre retour enchantent les momens.
Mais, que dis-je ?... égaré par un flatteur délire,
Je crois voir l'hymen me sourire,
Agréer mes tendres sermens,
Et lui-même de mon élève
M'offrir et la main et le cœur.....
Ah ! si de tels pensers ne sont aussi qu'un rêve,
Ce rêve est si brillant, qu'il ressemble au bonheur !

Les Notoxes[*]

*Bouche non allongée en forme d'un museau portant les antennes ;
tête triangulaire, séparée du corselet par un rétrécissement
brusque en forme de cou ; élytres larges ; pénultième article des
tarses bilobé ; crochets sans dentelures ; antennes simples ; corselet en forme de cœur ou formé d'un ou deux nœuds.*

Caractères. Antennes de onze articles, filiformes ou grossissant
insensiblement, insérées sur les côtés du devant de la tête. —
Tête inclinée. — Yeux arrondis. — Corselet quelquefois armé
d'une corne. — Corps presque cylindrique.

Ces insectes, généralement très-petits, se trouvent sur les fleurs.

---

[*] Notoxe, *Notoxus.* Schæffer. (Νῶτος, dos ; ὀξύς, pointu.) Ils composent une partie de la famille des *Trachélides* de MM. Latreille et Lamarck,
et de celle des *Vésicans* (*vesica*, gonfle, vessie ;) ou *Épispastiques* (Ἐπισ-
πασσῶ, j'attire au dehors ;) de M. Duméril.

Lettre Quarantième.

LES NOTOXES.

Beaucaire, 18 Juillet.

Il m'est arrivé aujourd'hui une aventure si curieuse et si singulière, que si je me hasarde à vous l'écrire,

> Vous allez, je me le figure,
> Traiter tous ces récits nouveaux
> De contes bleus, de fabliaux,
> Tels que les exploits du héros
> Connu par sa triste figure,
> Ou tels encor que ces romans
> Dont l'habile Schéhérazade
> Amusait le cerveau malade
> Du plus crédule des sultans.

Pourrez-vous croire, en effet, qu'on ait pris votre jeune ami pour un Entomologiste profond, un savant véritable, lui, qui dans ces leçons où le plaisir lui tient lieu de génie, est obligé de suivre pas à pas les écrivains célèbres dont il vous rappelle sans cesse les noms, et que la Nature place au rang de ses plus intimes favoris? L'histoire est donc si plaisante, qu'elle mérite quelques détails.

Je brûlais depuis plusieurs jours du désir de connaître la riche collection d'Insectes de M. le marquis de la R***, et je songeais au moyen de me faire présenter, lorsque ce matin, emporté par ma curiosité, je me suis hasardé sans autre réflexion à demander à la visiter. Les titres d'étranger et d'amateur, sous lesquels je me présentais, semblaient me servir d'excuse; il n'en était pas besoin. Le savant auquel je m'adressais joint une telle obligeance à une affabilité qui paraît lui être habituelle, que j'ai été traité avec des égards qui ne sont dus qu'au vrai mérite, et que, nouveau Sganarelle, je recevais sans les mériter. Je riais d'abord sous cape de cette espèce de quiproquo; mais à peine ai-je eu franchi le seuil de la porte du cabinet désiré, que j'ai senti toute la témérité de ma démarche; car il fallait là faire preuve de science ou passer pour un indiscret; or, comment, avec mes faibles connaissances, remplir avec honneur le rôle que j'avais commencé à jouer? Heureux si, comme le docteur de Molière, j'avais pu me tirer d'affaire à l'aide de quelques phrases ambitieuses et inintelligibles, ou avec le secours de quelques mots latinisés! Mais où trouver le moyen d'user de ce charlatanisme, avec un homme à qui les langues de Platon ou de Virgile sont aussi familières que celle de Buffon, et qui entend Aristote, Élien ou Pline, comme Latreille, Illiger ou Kirby? il a donc fallu

> En grattant,
> En frottant,
> Occiput,
> Sinciput,
>
> CHAULIEU.

fouiller mon petit fonds scientifique et demander à mes souvenirs la substance de ces leçons que je vous trace d'après nos maitres. Vous le dirai-je? soit prodige, soit disposition favorable, j'ai raisonné sur la matière avec tant de bonheur, que je me serais pris moi-même pour un érudit, si je n'avais pas été sûr que c'était moi qui parlais. En y réfléchissant un peu, j'ai senti à quoi tenait un pareil phénomène : je pensais causer avec vous; ainsi, comme vous le voyez,

> Si j'ai pu, sans beaucoup d'efforts,
> A mon savoir donner à croire,
> C'est à vous qu'en revient la gloire,
> C'est vous qui m'inspiriez alors.

Il y aurait de quoi perdre la tête, de songer à décrire la moindre partie des objets précieux qui composent la collection offerte à mon admiration; je veux néanmoins vous faire partager le plaisir que j'ai éprouvé, en vous donnant à connaître une famille curieuse d'insectes, que le dos pointu de quelques espèces a fait appeler Notoxes. Déjà d'autres auteurs leur avaient donné le nom de Cuculles, parce que effectivemement leur corselet, prolongé en avant, a quelque ressemblance avec un capuchon renversé.

Cette description ne vous donne-t-elle pas une envie nouvelle de voir un de ces petits capucins, dont la tête portée sur un cou est habituellement inclinée comme celle d'un religieux en méditation? Mes soins et la bonté de M. de la R*** me permettront de vous offrir un de ces êtres singuliers qui habitent de préférence nos provinces méridionales. Pour les trouver, il faut les chercher parmi ces gazons qui déploient sur nos champs des tapis de fleurs, et semblent les couvrir d'une mosaïque végétale; mais toutes les espèces qui composent cette famille sont généralement d'une taille si exiguë, qu'on les attrape plus souvent en promenant sur les sommités des plantes la nasse de mousseline, ou en agitant le filet de gaze, lorsqu'elles se jouent dans les airs. On soupçonne plusieurs de ces créatures d'être parasites dans leur jeunesse et de soutenir leur vie aux dépens de celle de quelques autres insectes; mais leur petitesse rend l'histoire de leur enfance si obscure, que leurs mœurs ne sont pas parfaitement connues dans cet état.

Je ne saurais vous dire, Julie, combien je dois me féliciter de m'être lié de connaissance avec M. de la R***, ni vous donner une idée du brillant et de la richesse de sa conversation. Je gage que le fameux Lavater aurait remarqué dans les angles de sa figure les traits caractéristiques du génie; que le docteur Gall aurait observé dans les protubérences de son crâne la bosse de toutes les connaissances humaines, et que nos physiologistes modernes lui trouveraient, en l'examinant, la monomanie de l'érudition. Pour moi, qui ai eu le plaisir de l'entendre causer sur ces sujets intéressans dont l'étude enchante vos loisirs, j'ai admiré en lui, dans notre entretien prolongé, tout ce que l'amabilité peut prêter de charmes à l'esprit le plus profond et le plus pénétrant.

> Il s'exprimait sur la science
> Avec une telle éloquence,
> Une telle lucidité,
> Que dans ce moment enchanté,
> Je pensais, dans un trouble extrême,
> Ouïr la Nature elle-même
> M'expliquant ses divines lois,
> Comme en prêtant l'oreille à votre doux langage
> On croit que la Raison pour plaire d'avantage
> Des Grâces emprunte la voix.

Les Lagries *

Bouche non allongée en forme d'un museau portant les antennes ; tête triangulaire séparée du corselet par un rétrécissement brusque en forme de cou ; élytres larges ; pénultième article des tarses bilobé ; crochets entiers ou sans dentelures ; antennes simples ; yeux échancrés.

Caractères. Antennes filiformes à articles arrondis, dont le dernier est plus long dans les mâles. — Yeux échancrés au côté interne près de l'insertion des antennes. — Tête et corselet plus étroits que les élytres. — Corps oblong. — Élytres molles.

La larve est inconnue.

L'insecte parfait se trouve dans les bois et les champs.

---

* Lagrie, *Lagria.* Fabricius. (Λάγνη, duvet ; parce que plusieurs sont velues.) Elles font partie de la famille des *Tachélides* de M. Latreille ; de la division des *Sténélites* de Lamarck ; de la famille des *Vésicans* (*vesica*, petite ampoule sur la peau) ou *Épispastiques* (Ἐπισπάω, j'attire au dehors ;) de M. Duméril.

Lettre Quarante-unième.

LES LAGRIES.

Nîmes, 23 juillet.

Me voici depuis quarante-huit heures à Nîmes, où la curiosité m'a conduit pour me faire admirer

> Ces grands et fameux bâtimens
> De la Tour Magne et des Arènes,
> Qui nous restent pour monumens
> Des magnificences romaines.
>
> *Chapelle et Bachaumont.*

J'ai gravi jusqu'au sommet du monticule sur lequel est bâti le premier de ces édifices; j'ai admiré ces ruines, qui s'élèvent encore à plus de quatre-vingts pieds, quoiqu'elles aient perdu plus du quart de leur hauteur, dans la démolition ordonnée par Charles Martel; j'avais présentes à l'esprit les diverses conjectures des antiquaires sur la destination de cette tour; je me suis, à leur exemple, épuisé quelques instants sur ce sujet en conjectures plus ou moins vraisemblables, et bientôt dépité de ne rien obtenir de positif, je me suis retiré en renonçant à dérober au passé ce secret que le temps semble pour jamais couvrir d'un voile impénétrable. Hélas! murmurais-je, en descendant le coteau, si les siècles font disparaître si promptement les traces de l'usage auquel étaient destinés les ouvrages des hommes, avec quelle plus grande rapidité n'effacent-ils pas le souvenir de leurs fondateurs! avec quelle promptitude ne plongent-ils pas souvent dans l'oubli le nom de ces héros d'un jour, qui, de leur vivant, croyaient entendre dans l'avenir le plus lointain, résonner le bruit de leurs exploits!... Cette pensée, qui peut blesser l'orgueil des puissans de la terre, n'a rien qui doive vous fatiguer : un destin plus heureux vous est certainement réservé.

> Grâce aux vertus de votre cœur,
> Grâce à cette bonté, qui, dans toute occurrence,
> Vous offre aux yeux de l'indigence
> Comme un ange consolateur,
> Quand vous devrez un jour abandonner la vie,
> Et dans nos bras tremblans vous endormir en paix,
> Ne redoutez pas, mon amie,
> Qu'environnés de vos bienfaits,
> Votre mémoire si chérie
> Parmi nous s'éteigne jamais.
> Oui, lorsqu'aura brillé cette dernière aurore,
> Des amis et des malheureux
> Pour vous pleurer long-temps vous survivront encore ;
> Ils rediront à leurs neveux
> Combien votre amitié pour eux avait de charmes,
> Combien surent sécher de larmes

Et votre tendre zèle et vos soins généreux :
Quel souvenir plus doux pourrait flatter vos vœux !

J'étais arrivé devant la porte de cet amphithéâtre célèbre, dont nos descendans admireront encore le travail grandiose. Je ne saurais vous dire tout ce que j'ai éprouvé en entrant dans ce champ clos où des gladiateurs, des hommes s'entregorgeaient pour le bon plaisir des spectateurs. Il me semblait avoir devant les yeux une de ces luttes affreuses, entendre les cris plaintifs du mourant, et assister à l'agonie de ce malheureux !... je frissonnais

En contemplant l'enceinte où l'arène souillée
De tout le sang humain dont elle fut mouillée,
Vit tant de fois le peuple ordonner le trépas
Du combattant vaincu qui lui tendait les bras.
Quoi, dis-je, c'est ici, sur cette même pierre,
Qu'ont épargné les ans, la vengeance et la guerre,
Que ce sexe si cher au reste des mortels,
Ornement adoré de ces jeux criminels,
Venait, d'un front serein et de meurtres avide,
Savourer à loisir un spectacle homicide !
C'est dans ce triste lieu, qu'une jeune beauté
Ne respirant ailleurs qu'amour et volupté,
Par le geste fatal de sa main renversée,
Déclarait, sans pitié, sa barbare pensée,
Et conduisait de l'œil le poignard suspendu
Dans le sein du captif à ses pieds étendu !

Lefranc de Pompignan.

Je me suis éloigné de cette enceinte qui me rappelait tant d'horreurs, pour reposer mon esprit en visitant la Maison Carrée, temple charmant que la reconnaissance éleva à Caïus et à Lucius, deux fils

adoptifs d'Auguste. Les Romains étaient dans l'usage
d'honorer ainsi sur la terre ceux qui leur offraient
les images les plus vivantes de la Divinité.

> Si parmi nous, à leurs exemples,
> La vertu recevait l'hommage des mortels,
> On verrait bientôt dans des temples
> L'encens fumer sur vos autels.

Il me restait à voir un édifice consacré à Diane;
mais en dirigeant mes pas vers le lieu qu'il occupe,
j'ai aperçu la fontaine célèbre qui embellit cette
ville, et j'ai bientôt oublié, devant cette merveille
de la Nature, tous les monumens antiques qui ve-
naient de me rappeler la domination et la puissance des proconsuls de Rome. Assis auprès de cette
source mystérieuse que domine un coteau pierreux
et aride, je ne pouvais me lasser d'admirer ces eaux
qui sourdent d'une profondeur inconnue, se déploient en une nappe d'azur dans le bassin qui les
reçoit, et s'écoulent de là en un ruisseau limpide,
qui répand la vie et l'agrément autour de la cité
qu'il arrose. Quelques hirondelles effleuraient la
surface humide étendue à mes pieds, et capturaient
dans leur vol facile des Tipules et des Cousins qui
se balançaient sur ce cristal limpide. A la vue de
ces oiseaux voyageurs qui, chaque année, reviennent
au dessus de ma fenêtre recommencer leurs nids et
leurs amours, je me suis rappelé les lieux chéris
qu'il me tarde de revoir. Une de vous, leur ai-je
dit, dans mon cœur,

Une de vous peut-être est née
Au toit où j'ai reçu le jour...

. . . .

Au détour d'une eau qui chemine,
Peut-être sous de frais lilas
Avez-vous vu notre chaumine...
De ce vallon ne me parlez-vous pas ?...

BÉRANGER, *Chansons.*

Tandis que je cédais à l'émotion que me causait cette pensée, un volatile d'une autre espèce, qui est venu se poser près de moi, en a prolongé la durée. Son corps noir et velu, ses étuis de couleur d'or, qui me faisaient reconnaître une Lagrie, m'offraient encore le souvenir de nos montagnes où souvent j'ai capturé ses semblables. On les trouve dans nos bois dont elles rongent le feuillage, ou sur les fleurs de nos champs aux dépens de qui elles vivent sous leur dernière forme. Dès qu'on les touche, elles contractent leurs antennes et leurs pattes, et imitent l'état de mort avec un naturel qui trompe celui qui n'est pas familiarisé avec leurs petites singeries. Le mystère qui, jusqu'à ce jour, a enveloppé l'enfance de ces insectes et empêché de connaître leurs mœurs dans cet état, ôte à leur notice tout l'intérêt qu'elle pourrait offrir, et aurait même pu me dispenser de vous parler d'eux; mais

Si cette histoire raccourcie
Faiblement satisfait vos goûts,
Le plaisir attrayant de causer avec vous,
De vous entretenir un instant, mon amie,
Pour mon cœur n'en est pas moins doux.

Les Cantharides*

Bouche non prolongée en un museau portant les antennes ; tête triangulaire, séparée du corselet par un rétrécissement brusque en forme de cou ; élytres larges ; pénultième article des tarses bilobé ; crochets des tarses doubles ou profondément divisés.

Caractères. Antennes filiformes ou grenues, quelquefois grossissant vers le sommet, ou à articles irréguliers. — Tête séparée par un cou, inclinée. — Ailes rarement nulles. — Corps mou, oblong, subcylindrique. — Élytres molles. — Crochets des tarses toujours doubles ou bifides.

La larve et l'insecte parfait se nourrissent d'herbes.

On trouve ces petits animaux sur les plantes ou sur les arbres.

---

* Cantharide, *Cantharis.* Geoffroy. (Κάνθαρος, Aristote.) Ces insectes font partie de la famille des *Trachélides* de M. Latreille ; composent celle des *Cantharidiens* de Lamarck, et la plus grande partie de celle des *Vésicans* ou *Épispastiques* de M. Duméril.

Lettre Quarante-deuxième.

LES CANTHARIDES.

Beaucaire , 26 juillet.

Je me promenais hier matin auprès de ce canal charmant, sur les bords duquel les habitans de l'Ibérie et du midi de la France viennent échanger à Beaucaire les produits de leur industrie contre ce métal précieux qui est le mobile du monde. Fatigué du bruit de la ville, je venais demander à la Nature des émotions plus douces, et tâcher d'oublier, par le spectacle de ses merveilles, l'ennui qui m'attendait pour le reste de la journée. Les yeux fixés sur les eaux dormantes qui étaient à mes pieds, et qui, semblables à un ruban d'azur, s'étendent dans les champs poudreux qu'elles traversent, je goûtais, à un quart d'heure de la cité bruyante que j'avais quittée, tous les charmes de la solitude, lorsque tout-à-coup je me sentis frappé par une odeur qui m'était encore inconnue.

> Ce n'était point la douce odeur
> Qu'en respirant exhale mon amie ;
> Ce n'était point le parfum enchanteur
> Que , dès l'aurore, à peine épanouie,
> Répand la printannière fleur.

J'étais loin d'être flatté d'une manière aussi suave, et je cherchais de tous côtés la cause des impressions désagréables que j'éprouvais, lorsque, en levant les yeux sur un frêne qu'agitait la brise légère, j'aperçus une foule d'insectes brillans, qui sans cesse voltigeaient autour de ses rameaux. L'éclat de leur corps resplendissant d'or et d'émeraude m'avait ébloui ; leur activité inquiète fixa mon attention. Voilà bien, me dis-je, l'image de ce monde, où chacun se tourmente et s'agite à sa manière.

> Aux pieds des grands qu'il importune ,
> Fidèle image du serpent,
> L'ambitieux suit en rampant
> Le char doré de la fortune ;
> L'avare , aux genoux de Plutus ,
> Se vouant à la pénitence,
> Endure, avec l'or de Crésus,
> Tous les tourmens de l'indigence ;
> Le poëte , dans l'abstinence ,
> Cherchant ces sublimes élans
> Qui conduisent les vrais savans
> Jusques au temple de Mémoire ,
> Use , à courir après la gloire ,
> Les plus beaux jours de son printemps ;
> Tandis que sans porter envie
> A cet éclat souvent trompeur,
> Le sage , auprès de son amie ,
> Coule paisiblement sa vie
> Dans le repos et le bonheur.

Il me fut facile, en saisissant un de ces volatiles, de connaître d'où provenait l'odeur fétide que je respirais : j'avais en mon pouvoir l'insecte si connu sous le nom de *Cantharide vésicatoire*. Quel dommage, m'écriai-je, qu'avec une toilette si jolie, une tournure si élégante, ces êtres précieux aient reçu de la Nature une propriété si repoussante? Je sens qu'à ce prix, la femme la plus jalouse de briller refuserait les grâces et la beauté.

J'ai entendu souvent des plaintes injurieuses s'élever contre l'auteur de toutes choses, qui les a entachées de cette triste qualité. Ah! Julie, que l'homme est prompt à outrager la providence! que son ignorance change souvent en murmures les accens d'une voix qui devrait exprimer la reconnaissance! Ce que notre ingratitude reproche à cette sagesse éternelle, est un bienfait de sa prévoyance infinie. Sans les émanations dégoûtantes qui sortent de ces petits animaux, qui avertirait le voyageur de leur présence ou de leur voisinage? qui le forcerait à s'éloigner du lit de mousse ou de gazon sur lequel il ne pourrait se reposer sans danger? car on a vu des imprudens tomber malades pour s'être endormis sous un arbrisseau où il y avait des Cantharides [1]. Vous jugez par là qu'il faut employer beaucoup de précautions pour les récolter. On secoue ordinairement sur des

---

[1] *Théologie des insectes*, tom. 2, pag. 267.

draps les végétaux sur lesquels elles sont posées, et dès qu'elles sont tombées sur le linge destiné à les recevoir, on les fait glisser sur un tamis de crin exposé à la vapeur du vinaigre bouillant, dont l'odeur acide les tue en peu de temps. Leur lenteur ou la difficulté qu'elles éprouvent à ouvrir leurs étuis est assez grande pour permettre de remplir tous les détails de cette opération, sans craindre de les voir s'envoler. Dès qu'elles sont étouffées, il ne reste qu'à les faire sécher au soleil qui diminue tellement leur poids, qu'il en entre plus de six mille dans une livre.

Vous sentez qu'un insecte dont la collecte seule exige des précautions, doit être administré à l'intérieur avec une prudence extrême. Une main ignorante peut facilement convertir en poison [1] un être créé par la Nature pour rendre à l'homme la santé qu'il a perdue. On cite un enfant de six ans qui mourut après avoir avalé, écrasé dans de l'eau-de-vie, un Proscarabé, espèce de Cantharide que je vous ferai connaître, dont la vertu caustique est cependant moins forte que celle de l'animal généralement employé en médecine [2]. Le meilleur anti-

---

[1] *Traité des remèdes qui se tirent des poisons.* 1702.

[2] *Journal de physique*, tom. LIX, pag. 177; *Essai d'Entomologie médicale*, par Chaumeton.

Cossitus, favori de Néron, périt pour avoir avalé un breuvage où entraient de ces insectes. Lyonnet avait connu une personne qui, ayant pris une portion de Cantharides qui lui avait été ordonnée pour un emplâtre, en fut empoi-

dote à prendre, dans ce cas, paraît être le lait [1].

La providence ne s'est pas contentée d'avertir l'homme, par les lumières de sa raison, des dangers que peut offrir cette substance corrosive; elle a donné aux créatures les plus petites, à l'atome perdu dans la poussière, l'instinct admirable de ne pas se nourrir de cette matière brûlante. Vous ne verrez donc pas sans admiration le soin qu'ont les larves rongeuses de nos collections, de respecter, dans leur voracité, les parties vésicantes des individus de cette famille. Quel dommage que la vertu bienfaisante de l'insecte qui nous occupe, ne s'étende que sur le physique, sans avoir aucune influence sur le moral! Si, par exemple, on pouvait ôter, par ce moyen,

> Aux hommes de Cour, aux flatteurs,
> La bassesse et l'hypocrisie,
> L'amour propre à tous nos auteurs,
> Aux femmes la coquetterie,
> Aux marchands la mauvaise foi,
> Aux vieux époux la jalousie,
> L'esprit fripon aux gens de loi,
> A nos richards leur égoïsme,
> A nos empiriques nouveaux
> Leur imposant charlatanisme;
> Oui, s'il guérissait tant de maux,
> La France, ni l'Europe entière,
> Ne fourniraient cette matière

sonnée : tout ce qu'on put faire, à force de remèdes, fut de lui sauver la vie; mais elle perdit entièrement la raison. *Théolog. des ins.*, tom. 2, pag. 209.

[1] *Histoire des insectes utiles à l'homme*, par Buc'hoz, tom. 2, pag. 313.

En assez grande quantité,
Et la crédule antiquité,
(Sans peine nous le pouvons croire),
Eût placé, dès le premier temps,
Au rang de ses dieux bienfaisans,
Cet insecte vésicatoire.

C'est ordinairement du milieu de mai, à la fin de juillet, que ces petits animaux se montrent sous leur dernière forme. On les voit, en troupes nombreuses, voltiger autour des frènes, des troënes ou des lilas, et ronger les feuilles de ces végétaux avec tant de voracité, qu'ils les dépouillent promptement de leur verdure. Heureusement la Nature a limité à un temps très-court le terme de leur existence : au bout d'une dixaine de jours, les mâles subissent la loi commune, et paient à la mort le tribut que lui doit ici-bas tout être vivant. Les femelles ne leur survivent que pour déposer dans la terre un paquet considérable de petits œufs, d'où sortiront des larves molles, munies de six pattes courtes et de mâchoires écailleuses, avec lesquelles elles rongeront les racines des plantes.

L'espèce de Cantharide recherchée des pharmaciens n'est pas la seule, ainsi que je vous l'ai dit, qui possède la vertu énergique qui fait sa gloire et sa réputation. La plupart des Coléoptères de cette famille jouissent des mêmes propriétés, et l'un d'entre eux, la *C. de la chicorée*, qui était employée chez les anciens, jouit encore sur les rives du Kiang et dans la plupart des contrées de l'Asie, de tous les honneurs de la préférence. On la trouve dans le midi de la France, sur la plante dont elle porte le nom, où son corps noir à trois bandes en écharpe de couleur orange, la fait bientôt découvrir au sein de la fleur, d'un bleu céleste, dans laquelle elle repose.

Il est une autre espèce, connue sous les noms de *Proscarabé*, *Scarabé de mai* ou *Scarabé onctueux*, qui paraît dès les premiers jours du printemps sur les pelouses qui bordent nos haies, et sur les herbes de nos prés exposés au soleil. Son corps mollasse, d'un bleu noirâtre, brille sur le vert encore tendre des gazons : ses élytres, dont il est réduit à n'avoir que des moignons, attirent les regards de l'observateur; mais si une main ennemie cherche à le saisir, il incline sa tête, replie son ventre et ses pattes, et fait sortir de toutes ses articulations une liqueur huileuse, d'un jaune d'or, dont l'odeur ou l'aspect dégoûtant fait souvent lâcher prise à celui qui l'attaque.

Ainsi, les êtres les plus faibles ont reçu des moyens de défense, aussi bien que le taureau superbe ou l'éléphant monstrueux, et l'homme, qui affronte dans les combats les dangers et la mort, voit souvent s'évanouir son audace contre l'insecte imperceptible qui semble indigne de ses regards.

On a recommandé le *Proscarabé* contre la rage [1];

---

[1] Le roi de Prusse, en 1777, acheta, pour la somme de trois cents écus,

mais cette maladie, qui se modifie en tant de ma-
nières et attaque tant d'individus, a, jusqu'à ce jour,
échappé à tous les remèdes.

> Onc, on ne vit mauvais auteur
> Guérir de la rage d'écrire;
> Jamais on ne vit grand parleur
> Perdre la fureur de médire.

Il est un autre tourment, dont il est difficile de
se défendre quand on vous connaît, et que sa violence ou son incurabilité a fait quelquefois confondre avec le même mal.

> Quand les vertus d'une Julie
> En nous font naître cette ardeur,
> On connaît bientôt à son cœur
> Qu'on doit brûler toute la vie.

---

d'un paysan de la Silésie, le secret de cette recette, et la fit publier par le
conseil supérieur de Berlin.

Histoire des insectes utiles à l'homme, par Buc'hoz, tom. 2, pag. 324.

Plusieurs médecins, tels que Schroder, Hoffmann, Wierus, Rœsler, avaient
connu anciennement cette prétendue propriété du Proscarabé, et cité des
exemples de guérisons opérées par ce moyen.

Voyez Schroder, lib. 5, ch. 4, pag. 104.

DIVISION

DES

COLÉOPTÈRES TÉTRAMÉRÉS [1].

Tête
{
Prolongée antérieurement en forme de bec, de trompe ou de museau, sur lequel sont insérées les antennes . . . . les ROSTRIFÈRES.

Sans prolongement,
{
Tarses presque toujours entiers, sans brosses aux trois premiers articles.
les NUDIPÈDES.

Pénultième article des tarses toujours bilobé, et les trois premiers garnis de brosses . . . les PILIFÈRES.

---

[1] Τετρα, quatre; μερος, division.

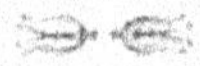

COLÉOPTÈRES TÉTRAMÉRÉS.

ROSTRIFÈRES [1].

<table>
<tr><td></td><td></td><td style="text-align:right">Familles.</td></tr>
<tr><td rowspan="3">Labre</td><td>Apparent ; museau large, aplati, court et ordinairement arrondi au bout ; antennes toujours droites . . . . les Bruches.</td><td></td></tr>
<tr><td rowspan="2">Nul ou non apparent ; museau-trompe cylindrique et ordinairement allongé en forme de bec.</td><td>Antennes simultanément droites, de onze à douze articles, dont les trois derniers forment une massue. les Attelabes.</td></tr>
<tr><td>Antennes filiformes ou en massue, droites ou brisées ; mais n'étant pas à la fois droites, de onze à douze articles, avec les trois derniers en massue . . . . les Charansons</td></tr>
</table>

---

[1] *Rostrum*, bec ; *fero*, je porte.

Les Bruches *.

Labre apparent ; museau large, aplati, court et ordinairement arrondi au bout ; antennes toujours droites ; palpes très-distincts.

Caractères. Antennes tantôt en massue ou grossissant vers leur extrémité, tantôt filiformes plus ou moins en scie. — Tête inclinée. — Yeux parfois échancrés antérieurement. — Palpes, surtout les maxillaires, très-distincts, filiformes ou renflés vers l'extrémité. — Corps aplati en dessous. — Ventre en carré plus ou moins long. — Tarses antérieurs quelquefois de cinq articles.

Les larves sont apodes, semblables à un petit ver blanc, ayant la tête écailleuse. Les unes vivent dans le vieux bois, les autres rongent les graines des plantes légumineuses et quelques fruits à noyaux. Les insectes parfaits se trouvent principalement sur les fleurs.

---

* Bruche, *Bruchus;* Linné. (Βρύκω, je ronge.) Ces insectes comprennent les tribus des *Bruchèles* et *Anthribides* de la famille des *Rhynchophores* (Ρὶνοχόος, instrument pour instiller dans le nez ; φερω, je porte ;) de M. Latreille. Ils composent une partie de la division des *Charansonites* de Lamarck, et partie de la famille des *Rostricornes (Rostrum,* bec ; *cornu,* corne ;) ou *Rhinocères* (Ρὶν-νος, nez ; Κερας, corne ;) de M. Duméril.

Lettre Quarante-troisième.

LES BRUCHES.

Avignon, 2 août.

Enfin, Dieu merci, j'ai quitté
Cette pitoyable cité,
Qui n'a de brillant que sa foire,
Où l'on trouve pendant un mois
Les agrémens qu'offrent les bois,
Mais les bois de la forêt noire ;
Car, dans ce fameux rendez-vous,
Si l'on offre un culte à Mercure,
C'est fort-souvent, je vous le jure,
A Mercure, dieu des filous.

Malgré toute l'impatience que j'avais de saluer mes pénates, je n'ai pu m'empêcher de m'écarter de ma véritable route, pour aller embrasser à Avignon un de mes anciens condisciples, qui, pendant tout le temps de mes études, avait partagé mes jeux et reçu le dépôt de mes pensées. Comment aurais-je résisté à ce désir ?

> Le plaisir se chargeait d'abréger de moitié
>   Le chemin du pélerinage,
> Et de me procurer au terme du voyage
>   Tous les charmes de l'amitié.

Je vous avoue que jamais promesse n'a été mieux remplie ; car, en arrivant chez mon cher R***, j'ai pu juger à son empressement et à son émotion toute la joie qu'il avait à me revoir. Sa jeune épouse, qui se trouvait présente à notre entrevue, m'a reçu aussitôt comme elle aurait accueilli un membre de sa famille, comme si elle eût éprouvé toutes les sensations du cœur de mon ami. Je devinai, en la regardant, que R*** était bien partagé.

> Elle a votre charmant sourire,
> Vos grâces et votre fraîcheur,
> Et cette admirable douceur
> Que dans vos yeux chacun peut lire.

Aussi, son époux l'aime-t-il comme on aime tout ce qu'il y a de plus aimable, comme vous méritez d'être aimée. Quoiqu'il y ait plus de deux ans qu'ils sont unis, leur tendresse conjugale paraît aussi vive qu'elle ait jamais pu l'être, et il est facile, en les approchant, de connaître, à leurs regards mutuels, le plaisir toujours nouveau qu'ils ont à être ensemble.

A ce tableau, qui contraste d'une manière si frappante avec tout ce qu'on raconte de la froideur qui succède souvent aux premières ardeurs de l'hymen, vous allez penser peut-être que j'ai cru admirer en

réalité une chimère dont je rêve moi-même la pos-
sibilité; mais, si vous réfléchissez que les yeux de
l'amitié sont dégagés du bandeau qui couvre ceux
de son frère, vous croirez, sans doute, à la vérité
de la peinture que je viens de vous esquisser.

> Oui, j'ai vu l'hymen et l'amour,
> Marchant gaîment de compagnie,
> Enchanter l'aimable séjour
> De R** et de son amie.
> Dans le sort de ces deux époux
> J'ai cru, d'un œil un peu jaloux,
> Voir la félicité suprême;
> Et je me suis dit dans mon cœur:
> Il ne tient qu'à celle que j'aime
> De goûter un pareil bonheur.

Depuis deux jours que je suis ici, je vous laisse
juger combien de questions m'ont été adressées.
Mon ami, à qui depuis long-temps ma bouche a
révélé votre nom, et qui connaît tout ce que mon
ame renferme pour vous de tendresse, m'a demandé
avec empressement si je possédais enfin celle que
je lui dépeignais sans cesse comme un ange de douceur et d'amabilité. Il a bien fallu répondre que je
n'avais encore que l'espoir de ce bonheur. Je lui ai
appris alors que vous étiez toujours captive dans
une de ces maisons où les sciences, les arts et les
soins donnés à l'éducation, occupent tous les instans, et qu'il ne m'était permis de vous donner
signe de vie qu'en vous apprenant à connaître les
merveilles que nous révèle l'Entomologie. Mme R**,

qui, depuis quelque temps, se livre elle-même à cette étude attrayante, a profité de cet aveu pour me prier, ce soir, de lui donner aussi une leçon : j'en ai trouvé sur-le-champ l'occasion dans quelques pois qui étaient sous ma main.

On rencontre souvent, lui ai-je dit, sur les fleurs de nos champs, des insectes dont la tête, prolongée en un museau large et court, dénote des espèces rongeuses, qui tirent, en effet, de ce genre de vie le nom de Bruche, que leur ont donné les savans.

Ces petits scélérats, malheureusement trop connus, peuvent être rangés parmi les ennemis les plus dangereux de l'homme, surtout du pauvre ; car ils attaquent généralement les graines légumineuses qui servent à sa nourriture. Les dégâts qu'ils causent à la récolte du maïs, des pois, des fèves ou des lentilles, sont quelquefois si considérables, que dans certaines parties de l'Amérique du nord, on a été obligé de renoncer à la culture de quelques-unes de ces plantes.

Dès que ces graines commencent à se former dans leur gousse ou leur silique, les femelles de ces animaux quittent les ombelles de l'angélique, les coupes rosacées des cistes, et les autres fleurs dont elles sucent le nectar, pour confier à ces semences encore tendres l'embryon d'un de leurs descendans. De l'œuf ainsi déposé, il naît bientôt une larve ou petit ver, qui, à l'aide de ses mandibules fortes et écailleuses, se fraie facilement un passage jusqu'au milieu du fruit qui doit le nourrir : on a même remarqué que ce nouveau-né avait la prévoyance de commencer toujours à dévorer les lobes séminaux ou cotylédons, dont la substance succulente offre sans doute une nourriture plus délicate à son estomac faible encore. La graine, cependant, ainsi attaquée par ce vautour qui la ronge, croît et se développe comme à l'ordinaire, et efface, en augmentant de volume, jusqu'aux moindres traces du trou qu'a dû faire ce monstre pour se glisser dans son sein. N'attendez pas qu'alors il se décèle lui-même, en déchirant quelquefois, d'une dent maladroite, l'espèce de rideau qui le voile à nos regards : la Nature, qui est toujours admirable dans les moyens qu'elle emploie à conserver les ouvrages de ses mains, lui a donné l'adresse diabolique de détruire l'intérieur de sa maison, sans jamais faire une brèche à la paroi extérieure. Ainsi enfermé, à l'abri de tout danger, il ne songe, pendant plusieurs mois, qu'à nager dans l'abondance et à jouir de tous les biens qui l'entourent; mais dès que le printemps, conduit par les zéphirs, revient promettre à la terre une nouvelle parure, et à nos prés des tapis de fleurs, il sent qu'il est né pour jouer un rôle plus glorieux, et que d'autres plaisirs lui sont réservés. Il médite, dès-lors, sa sortie de la retraite où il vécut si long-temps obscur, et travaille à se pratiquer une issue, en rongeant, dans un espace circulaire, la graine qui le loge, au point de n'épargner que l'épiderme.

Sans cet acte de prévoyance, il courrait risque, après sa dernière métamorphose, de voir son berceau devenir son sépulcre, parce qu'alors ses mâchoires, destinées à broyer des alimens moins solides, ne seraient plus assez dures pour briser la prison qui le captive. Il n'est même pas rare de trouver étouffés dans des pois quelques-uns de ces insectes, dupes de leur négligence ou de leur défaut de précautions. Cependant, dès que la Bruche a bien ou mal préparé la voie par laquelle elle doit s'échapper, elle s'enveloppe de bandelettes, ainsi qu'une momie, et se condamne au repos. Il ne faut qu'un peu d'habitude pour reconnaître au dehors la présence de cette nymphe, à un point noirâtre que forme la partie rongée jusqu'à l'enveloppe, et à une convexité peu saillante, qui dans cet endroit répond à la coque. Enfin, lorsque ses membres sont suffisamment affermis, l'insecte, en soulevant sa tête, brise sans efforts la pellicule qui s'oppose à son passage, et immobile à l'aspect du brillant spectacle qui s'offre à ses regards, hésite long-temps encore avant d'oser essayer dans les airs ses ailes humides, et de voler sur les fleurs qu'il ne doit plus quitter.

On a cherché plusieurs moyens de délivrer l'agriculture de ce fléau dangereux : le seul palliatif qu'on ait pu trouver à ce mal, est d'exposer à une chaleur de quarante à cinquante degrés, ou de plonger dans l'eau bouillante, dès qu'on les a récoltées, les graines qui ne sont pas destinées à être ensemencées, afin

de donner la mort à tous ces étrangers, et de leur
ôter par là la faculté de perpétuer leur nuisible race.
Après vous avoir peint cette famille sous des couleurs peu favorables, je suis heureux, ai-je dit à
Mme R**, de pouvoir vous réconcilier un peu avec
elle, à l'aide des espèces moins odieuses qu'elle renferme. On trouve ces dernières dans nos forêts, sur
les troncs de nos arbres, au sein desquels elles ont
passé leur jeunesse; mais elles échappent facilement
à nos regards par la couleur de leur robe, et à notre
adresse par leur habileté à se laisser choir dès
qu'on cherche à les saisir.

Mme R** m'aurait peut-être demandé à prolonger
notre entretien sur une science dont elle est émerveillée, si l'heure de l'ouverture du spectacle ne
nous avait appelés à applaudir Mlle Mars qui, depuis
quelques jours, enivre ici, comme à Paris, les spectateurs nombreux qu'elle attire, en déployant toujours les mêmes talens, les mêmes grâces, et je crois,
la même beauté.

> Le Temps, dont chaque jour mainte femme jolie
>   Ressent les outrages nouveaux,
>   Semble, en faveur de son génie,
>   A ses pieds déposer sa faux.

Cette femme célèbre va demain visiter Vaucluse,
accompagnée de plusieurs personnes de cette ville :
j'aurais eu là une belle occasion de l'admirer de
plus près, en faisant partie de son escorte, si mon
départ n'eût été arrêté pour cette nuit même; cepen-

dant, je vous l'avoue, malgré toutes les dispositions que j'ai prises pour quitter Avignon dans quelques heures,

> Avec quelque peine, sans doute,
> Je voudrais me priver de ce plaisir si doux,
> Si je ne songeais pas qu'en me mettant en route
> Je vais me rapprocher de vous.

Les Attelabes.*

Labre nul ou non apparent ; museau-trompe cylindrique et ordinairement prolongé en forme de bec ; palpes presque pas visibles ; antennes simultanément droites, de onze à douze articles, dont les trois derniers forment une massue.

Caractères. Antennes droites terminées par une massue formée tantôt par les trois derniers articles, tantôt par le dernier, et insérées sur le museau-trompe qui n'offre de chaque côté aucune fossette ou sillon pour recevoir le premier. — Tête et corselet plus étroits que les élytres. — Ventre épais, obtus à son extrémité. — Jambes épineuses.

Les larves ressemblent à des vers ayant la tête écailleuse. Elles se cachent, en général, dans les feuilles roulées des arbrisseaux.

L'insecte parfait se trouve principalement près des lieux qu'il a habités dans son enfance.

---

* Attelabe, *Attelabus* ; Linné. (Ἀττέλαβος, nom sous lequel Aristote désignait un insecte qu'on croit être la Sauterelle.) Ils forment la tribu des *Attelabides* de la famille des *Rhynchophores* de M. Latreille, partie de la division des *Charansonites* de Lamarck, et partie de la famille des *Rostricornes* ou *Rhinocères* de M. Duméril.

Lettre Quarante-quatrième.

LES ATTELABES.

Qu'ils ont d'attraits pour nous les lieux où notre enfance
Coula ses heureux jours sous le toit d'un hameau !
Jamais on ne retrouve avec indifférence
Le vallon, la colline où fut notre berceau.
J'ai franchi du Valais les montagnes glacées :
    Sur ces rocs, séjour des frimats,
    J'ai vu les neiges entassées,
    Et l'avalanche, avec fracas,
    De ces sommités hérissées
    Rouler, en portant le trépas.
Vers des champs plus féconds j'ai dirigé mes pas :
J'ai vu, dans le midi, les vignes opulentes
Se courber sous le faix des grappes trop pesantes ;
J'ai vu les oliviers, par la poudre blanchis,
A l'envi se charger de leurs riches produits ;
Marseille, qu'aggrandit le commerce du monde,
M'a fait voir les tributs qu'elle reçoit de l'onde,
M'a montré son climat où, sous un ciel d'azur,
Resplendissent les feux d'un soleil toujours pur ;

Près d'Hyères surtout, cet Eden de la France,
J'ai vu les aquilons, calmant leur violence,
Aux zéphirs embaumés abandonner les airs;
Dans ces jardins brillans, chéris de la Nature,
J'ai vu les orangers, sans soins et sans culture,
Couvrir de leurs fruits d'or leurs rameaux toujours verts;
Mais, ni ce ciel si doux, ni ces présens si rares,
Ni ces dons variés, que les dieux trop avares
Refusent d'accorder à nos champs moins heureux,
N'ont flatté mes désirs, n'ont pu tenter mes vœux.
Sombres bois de sapins qui couvrez nos montagnes!
Prés qui de mille fleurs tapissez nos campagnes!
Solitaires bosquets! délicieux vallons,
Où la fauvette en paix répète ses chansons;
Où le merle joyeux siffle sous la feuillée;
Vous seuls, pouvez charmer mon ame émerveillée!
Oui, souvent parcourant de plus riches pays,
De leurs produits divers, quand mes regards surpris
Admiraient, en passant, les beautés, la richesse,
Mon cœur rempli de vous, à vous rêvant sans cesse,
Triste, hélas! regrettait la fraîcheur de vos eaux,
Le calme de vos bois, l'air vif de vos coteaux,
Et maintes fois des pleurs ont mouillé ma paupière
Au souvenir si doux de mon humble chaumière!

Enfin, Julie, je les ai revus ces champs paternels,
dont je m'étais éloigné; j'ai reçu les embrassemens
de mes proches, les félicitations de mes amis : il ne
manquait que votre présence à cette réunion de famille, pour rendre ma joie plus pleine et plus com-
plète.

Ne croyez pas, toutefois, que l'amour du pays
natal soit le seul motif qui me fasse préférer nos
montagnes ombragées des entours de Thizy, aux

plaines poudreuses de la Provence ou du Languedoc.
Si la Nature refuse à notre sol ces productions riches
et variées qu'elle semble faire naître avec prodiga-
lité sous ce soleil méridional, les reptiles, en revanche, sont moins nombreux dans nos vallons ; la
Vipère y prépare des poisons moins violens ; le Cousin nous y harcèle moins de ses piqûres brûlantes,
et le Scorpion redoutable ne s'y cache pas sous
l'herbe, pour nous surprendre en tapinois. Nos
champs, cependant, ont aussi leurs insectes nuisibles, témoin la famille des Attelabes, dont je vais
vous faire connaître les mœurs odieuses.

Si quelques-uns des individus qui composent ce
groupe, se bornent, sous leur dernière forme, à sucer
avec leur trompe la miellée des végétaux, plusieurs
autres continuent, dans cet état, les ravages qu'ils
ont commis dans leur enfance, ravages parfois si
considérables, que la mort la plus cruelle serait encore trop douce pour compenser l'énormité de leurs
crimes.

Les dégâts qu'occasione cette maudite engeance,
sont d'autant plus à redouter, que travaillant toujours
dans l'ombre et sous des voiles épais, on ne peut
s'apercevoir du mal que lorsqu'il n'est plus temps
d'y porter remède.

Un de ces petits destructeurs, malheureusement
trop connu dans nos vergers, semble n'avoir d'autre
passe-temps que celui de dévorer les bourgeons de
nos arbres fruitiers, et de détruire ainsi, à l'avance,

les dons brillans que nous promettait le printemps,
et les riches trésors que nous faisait espérer l'automne: de là lui sont venus les noms de *Coupe-bour-
geon, Urebec, Ébourgeonneur, Couturière, etc.*, sous
lesquels il est connu des jardiniers.

Si nous suivions le développement de ces animaux, si je vous les montrais, au sortir de l'œuf,
empruntant la forme de petits vers mous, dépourvus de pattes et munis seulement de mâchoires,
vous penseriez, sans doute, que la faiblesse est leur
unique partage, et que rien ne saurait préserver
leur enfance des dangers qui la menacent; mais
rassurez-vous, Julie, tout a été prévu pour eux. Les
mères trop industrieuses de ces êtres malfaisans,
en plaçant le berceau de leurs descendans au sein
des matières végétales qui doivent leur servir de
nourriture, ont eu le soin de le cacher dans des
retraites assez sûres, pour qu'ils puissent nous nuire
dans tout le cours de leur jeunesse sans avoir à
craindre nos poursuites. Ainsi, les uns sont logés
dans les tiges de quelques plantes et jouissent en
paix, dans leur galerie tubiforme, de toutes les douceurs de l'abondance; les autres sont séquestrés
dans quelques semences où ils trouvent les alimens
qui leur sont nécessaires, et un sépulcre secret pour
passer à une autre vie; d'autres, enfin, sont enfermés entre les deux lames d'une feuille, et la dissè-
quent d'une manière admirable en rongeant son
parenchyme. Mais l'industrie de ces parens trouve

des ressources plus étonnantes encore pour assurer la conservation de leur postérité. N'avez-vous jamais remarqué sur le coudrier ou sur d'autres arbustes, des feuilles roulées en cornet ou contournées en un cylindre fermé par les deux bouts? Auriez-vous jamais songé que cette configuration, qui semble l'effet du hasard ou d'une déviation accidentelle de la sève, soit l'œuvre d'une de ces mères prévoyantes? Si vous prenez cependant la peine d'ouvrir une de ces retraites, vous trouverez une jeune recluse qui jouit dans cette cellule de tous les charmes d'une heureuse obscurité, et qui croît en âge et en forces en rongeant avec délices la paroi de la maison qui la captive. Une de ces espèces que nos vignerons appellent *Béche*, *Lisette*, *etc.*, se multiplie quelquefois tellement dans nos vignobles, qu'elle dépouille presque entièrement de son feuillage le bois tortu que protège Bacchus.

> Aussitôt que paraît ce terrible fléau,
> Le buveur, agité d'une mortelle peine,
>   Parcourt tristement le coteau
> Où croît le jus divin qu'aimait le bon Silène,
> Et voit avec douleur, qu'à la saison prochaine,
> Il faudra marier, par un besoin nouveau,
> Le cristal argenté que fournit la fontaine
> Aux liquides rubis qu'il puise en son caveau.

Car cet insecte ne se contente pas de dévorer les feuilles, il coupe encore les pampres et les bourgeons à fruits, et empêche ainsi aux grappes et au bois de se développer.

L'antiquité payenne immolait le bouc sur les au-
tels du fils de Sémélé, parce que cet animal, en rongeant les jeunes ceps, détruit l'espoir de la vendange:
à quelle mort ces peuples n'auraient-ils pas voué l'Attelabe *de la vigne*, s'ils avaient connu le destructeur
redoutable du fruit le plus doux que la terre puisse
produire? Mais, ce sacrifice que nous refuserions à la
divinité déchue du conquérant de l'Inde, offrons-le,
Julie, à notre intérêt personnel; sacrifions sans pitié les êtres malfaisans qui nous privent de ce jus délicieux, qui inspire à l'homme la gaité, et chasse de
son cœur le souvenir des peines qui l'assiègent.

L'instinct qui a été donné à cet insecte pour sa
conservation, devient le moyen le plus commode
pour exterminer sa race, ou du moins pour la diminuer. On s'est aperçu qu'il est extrêmement timide,
et qu'aussitôt qu'on heurte la branche sur laquelle il
est attaché, il replie ses pieds contre son ventre, et
se laisse rouler à terre où il reste immobile, tant que
dure le danger. Il ne s'agit donc que d'étendre un
linge sous chaque cep qu'on agite légèrement : les
Bèches ne résistent point à la secousse et tombent
en quantité dans le piége qu'on leur a tendu. On ramasse ensuite les cornets qui enveloppent et contiennent les œufs ou les larves, et on livre le tout
aux flammes vengeresses.[1] Ce travail, quelque grand

---

[1] *Histoire des insectes nuisibles à l'homme*, tom. 1, pag. 128.

qu'il puisse être, dédommage amplement, par une récolte abondante, les propriétaires qui osent l'entreprendre, surtout lorsque plusieurs voisins se réunissent pour l'exécuter simultanément.

Adieu, Julie : je vais profiter de mon retour pour vous écrire plus fréquemment et pour renouveler mes excursions entomologiques dans nos champs, que mon absence semble m'avoir rendus plus chers.

Je puis donc enfin désormais
Fouler les fleurs de nos prairies,
Et confier mes rêveries
Au silence de nos forêts.
Bords du Rheins ! fortunés rivages,
Pour moi toujours si pleins d'attraits !
Je reverrai vos rocs sauvages ;
J'irai goûter encor le frais
Sous les mystérieux ombrages
Que forment les aunes épais ;
J'irai.... Mais ces prés, ces bocages,
Ces méandres délicieux,
Tout me va bientôt dans ces lieux
Rappeler le nom de Julie ;
Tout va m'offrir de mon amie
Le souvenir si gracieux.
Ah ! ruisseau charmant, pour me plaire,
Rends-moi, rends celle qui m'est chère :
Présente ses traits à mes yeux !
Sans elle, ta rive enchantée
Ne peut, à mon ame attristée,
Offrir qu'un charme passager :
Lorsqu'on est loin de son amie,
Le ciel si doux de la patrie
Pour nous devient presque étranger.

Les Charançons [*]

*Labre nul ou non apparent ; museau-trompe cylindrique et ordi-
nairement allongé en forme de bec ; antennes filiformes ou en
massue, droites ou brisées, mais n'étant pas à la fois droites,
de onze articles, avec les trois derniers en massue.*

Caractères. Antennes simples ou brisées, filiformes ou en massue solide ou perfoliée. — Museau-trompe ordinairement arqué,
quelquefois très-long. — Tête engagée dans le corselet. — Ailes
parfois nulles et élytres réunies. — Corps ovale ou oblong. —
Pattes postérieures à cuisses souvent renflées et propres à sauter.

---

[*] Charanson, *Curculio* ; Linné. (χαράσσω, je creuse.) Ils forment une
partie de la famille des *Rhynchophores* de M. Latreille ; partie de la division
des *Charansonites* de Lamarck, et partie de celle des *Rostricornes* ou *Rhinocères* de M. Duméril.

Lettre Quarante-cinquième.

LES CHARANÇONS.

Gentilles fillettes
Qui, parmi nos bois,
Venez quelquefois
Cueillir des noisettes ;
Raffinés gourmands,
Qui joignez à table
L'Arbois délectable
A ces fruits charmans ;
Et vous, si savans
Dans l'art de confire,
Qui, par vos travaux,
Sur tant de noyaux,
Savez nous produire
Bonbons les plus doux ;
Venez : c'est pour vous
Que je vais écrire !

Je vous apprendrai quel est l'animal qui change
souvent en une vile poussière cette noix succulente

qui devait faire vos délices, et qui n'offre alors à votre attente trompée qu'une amertume insupportable : un Charançon est le monstre, auteur d'un semblable crime.

Dès que la femelle d'un de ces êtres malfaisans a confié un œuf à la noisette encore tendre, il en naît bientôt une larve dépourvue de pattes et ressemblant à un ver qui, comme le rat retiré dans un fromage de Hollande, paraît, dans cette solitude profonde, oublier les soins d'ici-bas.

> Notre ermite nouveau subsiste là-dedans,
> Fait tant de la bouche et des dents,
> Qu'en peu de jours il trouve au fond de l'ermitage
> Le vivre et le couvert. En faut-il davantage?
> Il devient gros et gras.
>
> LAFONTAINE, *liv.* 7, *fab.* 3.

Et lorsqu'il se trouve assez dodu, c'est-à-dire, quand il a dévoré presque toute l'amande du fruit qui le loge, il perce sa prison d'un trou rond, et se laisse tomber à terre, pour opérer sous le gazon ses dernières métamorphoses.

La plupart des autres larves de cette famille ne sont pas moins nuisibles : je vais offrir à votre curiosité quelques détails sur leurs habitudes.

Les unes, souvent réunies en famille sur l'oseille, la patience ou le plantain, etc. , rongent jusqu'aux fleurs des végétaux condamnés à leur servir de nourriture; les autres, plus adroites à éviter la vue de leurs ennemis, choisissent le revers des feuilles de la scro-

phulaire, du frène, etc., s'y cramponnent, à l'aide
des mamelons et de la matière visqueuse dont le
dessous de leur corps est revêtu, et bravent, sous
cette tente commode, les ardeurs du soleil et les in-
convéniens de la pluie. Quand le terme de leurs
déprédations est arrivé, et que le besoin de changer
de forme se fait sentir, elles se filent une petite
coque sphérique, d'une soie jaune ou blanche, dont
les mailles ouvertes comme celles d'un réseau ou
d'une gaze grossière, laissent entrevoir l'insecte em-
mailloté qui repose comme au berceau.

D'autres, non moins habiles, s'insinuent dans les
feuilles de l'orme, de l'osier, etc., et minent leur substance intérieure ou tissu cellulaire, en ménageant
avec une adresse admirable, les deux membranes qui
les protègent contre le bec avide de la gent emplumée.

Dans le mois de mai, lorsque la Nature se renou-
velle, et que les arbres, dépouillés par l'hiver, commencent à se couvrir de verdure, on voit souvent sur
les ormes des boutons tardifs, dont le gonflement
annonce le travail de la sève, et dont les écailles extérieures ont même commencé à s'épanouir et qui,
néanmoins, restent dans cet état sans achever leur
développement; si l'on ouvre un de ces boutons, on
ne tarde pas à apercevoir la larve d'un Charançon
qui, cachée dans cette retraite, sous la forme d'un
ver blanc et ridé, trouve dans les feuilles une nourriture succulente, et dans leur enveloppe un abri sûr
pour passer à un autre état.

La fleur d'une campanule sert aussi de nid à la postérité d'une espèce de ces animaux; mais elle paye bientôt, par la perte de ses semences, l'hospitalité qu'elle offre à ces vers voraces, à ces petits serpens qu'elle réchauffe dans son sein.

On accusait autrefois d'un crime beaucoup plus grave la larve du Charanson qui vit dans les tiges du Phellandre aquatique [1] : on croyait qu'elle occasionait la paraplégie aux chevaux qui avaient le malheur de l'avaler; mais on sait aujourd'hui, d'une manière positive, que c'est au suc vénéneux de cette plante marécageuse qu'est due la paralysie qui frappe ces animaux. Au reste, il n'est pas besoin de calomnier les créatures qui nous occupent, ni de leur prêter des torts imaginaires pour nous les rendre odieuses; nous n'avons que trop de véritables griefs à leur reprocher; car elles ne se contentent pas de dévorer les semences ou les végétaux qui nous sont faiblement utiles, elles attaquent encore ceux dont l'homme retire les services les plus importans. C'est ainsi qu'un de ces êtres vermiformes perfore les troncs du Sagouier [2], de cet arbre précieux dont les fruits offrent un met savoureux, dont les tiges laissent découler un vin pétillant, dont les feuilles servent de couverture et de parois aux habitations des

---

[1] *Phellandrium aquaticum.* Linné.
[2] *Sagus raphia.* Lamarck.

nègres ou des Indiens et dont les folioles enfin leur fournissent pour la pêche des sagaies redoutables [1]. Ces larves, en rongeant la moelle des palmiers, leur font un tort considérable; mais, en revanche, les habitans de ces contrées lointaines se vengent de leurs ravages en les mangeant à leur tour. Si la loi du talion était ainsi en vigueur parmi nous, si l'on pouvait user de représailles envers ceux qui nous ont nui;

> Tous les mineurs voleraient leur tuteur,
> Les marquis, leurs hommes d'affaires,
> Les processifs, leurs procureurs,
> Les rois, leurs munitionaires.

Ces larves, connues sous le nom de *vers palmistes*, qui atteignent jusqu'à deux pouces de long, font les délices des gastronomes de Surinam, et sont recherchées par les dames créoles de la Martinique et de toutes les Antilles qui les paient assez cher et en sont très-fiandes. Ce fait qui nous a été révélé par Sibille Mérian [1] a été confirmé par le P. Labat, Fermin et tous les voyageurs plus modernes. Un de ces derniers rapporte que pendant le séjour qu'il fit chez les Gwaraones, le souper que lui apportaient les Indiens consistait principalement en

---

[1] Pallisot de Beauvois. *Flore d'Oware et de Benin.*

[2] *De generatione et metamorphosibus insectorum Surinamensium.*

larves du palmier Murichi [1], roties et enfilées sur des brochettes de la grosseur d'une aiguile à tricoter. « Ces larves, dit-il, qui ressemblent parfaitement à « celles du fumier, sont assez dégoûtantes et soulè- « vent d'abord le cœur; mais on s'y accoutume, et « je finis par trouver les vers *Gusanos* excellens [2]. »

Mais les Charançons les plus nuisibles et malheu- reusement les plus répandus, sont ceux qui attaquent les pois les lentilles, le riz et surtout le blé. Cette dernière espèce, généralement connue sous le nom de *Calandre*, fait quelquefois de telles rarages, qu'elle détruit dans nos greniers des monceaux considé- rable de seigle ou de froment, ou n'en laisse que le son.

Quand au printemps, pressée de jouir des dou- ceurs de la maternité, la femelle de cet insecte songe à perpétuer sa race, elle s'enfonce à deux ou trois pouces dans un tas de blé, pour rendre sa vi- site moins sensible, choisit un grain, ordinairement le plus gros, en soulève l'enveloppe, y place un œuf et continue, un peu plus loin, ce travail infernal, jusqu'à ce que sa ponte soit entièrement terminée. Le ver qui naît de ce germe pénètre bientôt dans

---

[1] *Mauritia flexuosa.*

[2] *Voyage aux Antilles et à l'Amérique méridionale*, par J. B. Le Blond; — *Journal des voyages*; t. 30, p. 278.

Quelques auteurs prétendent que le ver palmiste était connu des romains, et que c'est celui que Pline a désigné sous le nom de *Cossus; voy.* le tome I de cet ouvrage, pag. 116.

l'intérieur de la semence et en dévore, avec une merveilleuse adresse, toute la substance farineuse, sans endommager la peau. Le mal, dans cet état, offre d'autant plus de danger, qu'il est imperceptible; car le petit reclus a eu le soin de boucher avec ses excrémens ou avec un gluten particulier le trou par lequel il est entré. Ce n'est qu'en jetant une poignée de grains dans l'eau, qu'on peut remarquer ceux qui sont attaqués, à leur légèreté qui les fait flotter à la surface. Quand notre petit solitaire a consommé toute la matière amilacée, c'est-à-dire, quand il ne reste plus que le son ou l'enveloppe de la semence dont il a vidé l'intérieur, il change son habitation en sépulcre, en y passant, en forme de momie, environ une semaine, au bout duquel temps, devenu insecte parfait, il perce cette cellule dans laquelle il a vécu environ quarante-cinq jours et vole à un hyménée dont nous devons payer les plaisirs.

On a dû s'occuper, sans doute, à trouver des moyens propres à détruire la Calandre du blé; mais tous ces essais ont eu jusqu'à présent si peu de succès, qu'on peut les regarder à peu près comme inutiles. La plupart consistent dans des fumigations de décoctions composées d'herbes d'une odeur forte et désagréable. Le résultat de tous ces procédés a été de communiquer au blé une odeur fétide et dégoûtante: sans nuire aux Charansons qui, enfoncés dans les tas de grains, ne pouvaient en être incommodés. L'expérience a prouvé d'ailleurs, que les odeurs qui nous paraissent les plus désagréables, n'occasionent sur ces insectes aucun effet nuisible [1].

Voici d'autres tentatives faites pour parvenir au même but, qui vous paraîtront singulières, si leur succès n'est pas incontestable.

Feu le comte de Brosses [2], premier président du parlement de Dijon, s'étant aperçu que les Charansons avaient attaqué quelque tas de blé dans une de ses terres craignait de ne pouvoir purger ses greniers de ces insectes voraces, lorsqu'un de ses serviteurs l'assura que dans trois jours on ne reverrait pas un de ces animaux : en effet, ce domestique courut aussitôt à la cuisine, en rapporta plusieurs écrevisses vivantes et les jeta sur le blé infesté, assurant que l'odeur que ce crustacé répandrait dans le grenier, surtout si on l'y laissait crever et pourrir, serait indifférente pour le grain, mais très-funeste aux insectes. Quatre heures après l'opérations, les Charansons sortirent de toutes parts et couvrirent les murs en si grandes quantité, qu'en plusieurs endroits ils en étaient tout noirs [3]. Il est malheureux que de nouveaux essais aient démontré l'inefficacité de ce spécifique.

Quelques économistes engagent à mettre des ban-

---

[1] Olivier ; *Encycl. méth.* t. 5, p. 443.

[2] M. le comte de Brosses, ancien préfet du Rhône, etc., est le fils de ce président distingué.

[3] *Histoire des insectes nuisibles à l'homme*, t. I, p. 141.

des de poulets dans les greniers où se sont logés
les Charançons, en prétendant que ces oiseaux man-
geraient seulement les insectes : je crois qu'autant
vaudrait confier aux loups le soin de débarrasser
les moutons des puces qui les tourmentent.

On a conseillé d'exposer le blé à une chaleur de
soixante-dix degrés et de détruire ainsi jusqu'aux
œufs de ces animaux malfaisans ; mais outre l'inconvénient de calciner le grain par ce procédé et de
lui ôter sa vertu germinative, il faudrait recommencer cette opération tous les mois, pour faire périr
les nouveaux venus.

On a proposé encore d'établir dans les greniers
des ventilateurs pour y entretenir une température
au-dessous de dix degrés de chaleur (Réaumur),
qui sont indispensables au Charançon pour avoir
son activité ordinaire et pouvoir se multiplier ; mais
je termine cette liste de moyens plus ou moins inutiles ou insuffisans, pour vous rapporter le procédé
aussi simple que peu coûteux indiqué par Lotthin-
ger.

Lorsqu'on s'aperçoit, au retour du printemps, que
ces insectes sont répandus dans les appartemens
où les grains sont rassemblés, il faut former un petit
tas de cinq à six mesures, qu'on place à une distance convenable du monceau principal qu'on remue alors avec la pelle. Les Charançons qui aiment
l'obscurité et le repos, étant troublés dans leur asile,
cherchent à fuir, pour éviter le danger qui les me-

nace ; voyant un autre tas de blé, ils courent s'y ré-
fugier. S'il y en a qui gagnent les murs pour échapper à la mort qui les attend, on les rassemble avec
un balai dans le lieu de dépôt qu'on leur a ménagé.
On verse alors, sur ce petit monceau qu'on remue,
de l'eau bouillante qui brûle et étouffe en un moment tous ces insectes dangereux. En somme, il est
très-avantageux de cribler souvent le blé, pour dé-
ranger ces êtres pernicieux, dont la fécondité est
telle, qu'un seul couple peut avoir dans une année
plus de six mille descendans.

Parvenus à leur état parfait, les Charançons, en
général, méritent, à plusieurs égards, de fixer notre
attention. Timides, comme tous les êtres faibles et
sans défenses, les uns se contentent, au moment du
péril, de contracter leurs pattes et de se laisser tomber comme s'ils étaient morts ; les autres, doués
d'une force élastique prodigieuse, échappent, à
l'instar de la puce, par des sauts étonnans, à la main
qui croit les saisir. Leurs formes extérieures plaisent
à nos regards par leur anomalie : tantôt notre imagination frappée par cette bouche prolongée en trompe,
croit retrouver en eux une miniature imperceptible
de l'éléphant monstrueux ; tantôt elle se rappelle
ces oiseaux chantés par le bon Lafontaine et pense
revoir une ébauche de commère la cicogne ou du
héron au long bec. Enfin, leur corps souvent couvert
d'écailles ainsi que les ailes des papillons, offre
quelquefois, dans la réunion de leurs couleurs, une

telle richesse de parure, que l'émeraude, le saphir, l'argent et l'or même, n'ont rien de comparable à l'éclat qu'offrent, vus à la loupe, plusieurs Charançons des Indes ou de l'Amérique méridionale. Heureux, si ces dehors séduisans ne cachaient pas fréquemment les habitudes les plus perverses et les plus malfaisantes!

Cependant, ces dégats qu'ils nous causent, ces ruses et cette industrie qu'ils emploient pour parvenir à nous nuire, valent bien la peine de chercher à connaître les auteurs de tant de ravages. Venez donc dans nos campagnes vous livrer à cette étude instructive :

> Allons aux champs,
> O mon amie!
> Le doux printemps,
> L'herbe fleurie
> Et les zéphirs,
> Tout nous attire;
> Tout semble dire
> Que des plaisirs
> C'est là l'empire.
> La violette,
> De ses bouquets,
> Orne l'herbette
> De nos bosquets,
> Et la fauvette
> Fait retentir
> Sa chansonnette,
> Douce interprète
> De son désir.
> Là, tout enchante,
> Séduit les cœurs;

Paisibles mœurs,
Vie innocente,
Doux habitans,
De la Nature
Amis constans,
Et, dans tous temps,
Volupté pure.
Là, sont bannis
Toute humeur sombre,
Tous noirs soucis;
Joyeux amis
En petit nombre,
Mais bien choisis,
Seuls nous visitent,
En nous excitent,
A peu de frais,
Dans notre gîte,
Gaîté subite :
Aussi jamais
Chagrin n'y ronge
L'ame ou l'esprit;
On jase, on rit
Et le temps fuit,
Sans qu'on y songe.
O champs heureux
De ma naissance,
Témoins des jeux
De mon enfance,
Ah ! puissiez-vous,
Terre chérie,
Selon mes goûts
Et mon envie,
Me voir toujours
Couler mes jours
Dans cet asile !
Mon cœur joyeux
Goûte, en ces lieux,

Charmes tranquilles,
Bonheur secret
Qu'on ne connaît
Au sein des villes.
Plaisir si doux !
Aimable ivresse !
C'est pour sans cesse
Jouir de vous
Que je soupire ;
Point ne désire
Célébrité :
Félicité
Seule accompagne
A la campagne
L'obscurité.
Fuis, vaine gloire ;
Fuyez, grandeurs,
Portez ailleurs,
Troupe illusoire,
Vos biens trompeurs ;
A vos faveurs
Je ne puis croire ;
Car, je le sens,
Ce n'est qu'aux champs
Que l'on éprouve
Le vrai bonheur,
Et que l'on trouve
La paix du cœur.

COLÉOPTÈRES TÉTRAMÉRÉS.

NUDIPÈDES [1].

Familles.

Antennes { De 11 articl. { De moins de onze articles ; corps cylindrique .... les BOSTRICHES.

Grossissant vers le sommet ou terminées en massue . . . . les TROGOSITES.

De même grosseur ou s'amincissant vers leur extrémité. . . . . les CUCUJES.

---

[1] *Nudus*, nu ; *pes — edis*, pied.

Les Bostriches.*

Antennes de moins de onze articles.

Caractères. Antennes en massue, dont le nombre des articles varie. — Tête engagée dans le corselet. — Corselet quelquefois bossu. — Élytres parfois tronquées au sommet ou épineuses à l'extrémité. — Corps ordinairement cylindrique.

Les larves ont six pattes; les derniers anneaux du ventre renflés. On les trouve, ainsi que les insectes parfaits, sous les écorces, dans les bolets, etc.

---

* Bostriche, *Bostrichus;* Geoffroy. (Βόστρυχος, frisure; plusieurs ayant le corselet couvert de petits poils frisés.) Ils forment les tribus des *Scolitaires* et des *Bostrichins* de la famille des *Xylophages* (Ξυλόν, bois; φαγος, mangeur;) de M. Latreille; la division des *Scolitaires* et partie de celle des *Corticoles* (*cortex*, écorce; *colere*, habiter;) de Lamarck; partie de la famille des *Cylindriformes* ou *Cylindroïdes* (Κυλινδρος, cylindre; ιδεα, forme;) de M. Duméril.

LES BOSTRICHES.

Pleurez, Dryades tutélaires,
Pleurez, jeunes nymphes des bois,
Et venez unir à ma voix
Vos chants tristes et funéraires !

Il n'est plus ! ce tilleul chéri,
Objet de votre préférence,
Dont mes mains ont soigné l'enfance
Et dont j'aimais le doux abri !
Il n'est plus ! sous l'effort sauvage
De mille insectes destructeurs,
J'ai vu se dessécher ses fleurs
Et jaunir son naissant feuillage !

Pleurez, Dryades tutélaires,
Pleurez, jeunes nymphes des bois !

Je ne verrai plus au printemps
La linotte au joli ramage,
Cacher dans son épais feuillage
Le nid de ses tendres enfans !

Ni le pinson, durant l'automne,
Perché sur ses plus hauts rameaux,
Faire répéter aux échos
Son cri plaintif et monotone !

Pleurez, Dryades tutélaires,
Pleurez, jeunes nymphes des bois !

Accourant des lieux d'alentour,
Les troupeaux de ce voisinage
Ne trouveront plus son ombrage
Contre les feux brûlans du jour !
Ni la timide bergerette
Ne viendra plus sous son abri,
De quelque penser favori
Occuper son ame inquiète !

Pleurez, Dryades tutélaires,
Pleurez, jeunes nymphes des bois,
Et venez unir à ma voix
Vos chants tristes et funéraires !

Tels sont, à peu près, les termes dans lesquels j'exhalais ma douleur, en contemplant un de mes jeunes tilleuls qui venait d'être frappé par la mort, avant d'avoir ressenti les outrages du temps.

En vain, pour détourner ce malheur que m'annonçaient des indices infaillibles, avais-je, depuis plusieurs jours, l'attention d'humecter ses racines et de leur prodiguer, chaque matin, tous les trésors des Naïades : soins superflus ! précautions inutiles ! toute ma prévoyance n'a pu rendre à ces feuilles flétries la fraîcheur qu'elles avaient perdue, ni arrêter les progrès d'un mal dont la source m'était cachée.

J'avais plusieurs fois creusé mon cerveau pour
deviner la cause de ce dépérissement prématuré : je
l'aurais peut-être toujours ignorée, si le hasard ne
se fût chargé de me la révéler. Je remarquai que l'é-
corce de son tronc était criblée d'une infinité de petits trous, dans lesquels je croyais apercevoir des
plombs dont ils semblaient être l'ouvrage. Quel chasseur impitoyable, m'écriai-je, a pu diriger contre
cette frêle plante la décharge meurtrière de son arme
à feu ? Mais, jugez de mon étonnement, lorsque en
cherchant à extraire cette petite mitraille, j'arrachai...,
vous ne le soupçonneriez pas..., j'arrachai un insecte
d'une forme cylindrique et d'un noir bronzé, qui
resta mort entre mes doigts sitôt que je le touchai.
Dès-lors, tout le mystère fut éclairci : je connus les
auteurs du mal que je déplorais; j'avais entre mes
mains un des Bostriches dont je vais vous tracer
l'histoire.

Lorsqu'au retour des zéphirs, l'Hymen convie à
ses fêtes les oiseaux chanteurs que le printemps
rappelle dans nos champs, et les insectes divers qui
semblent y naître à l'envi pour assister au réveil de
la Nature, les Bostriches cachés dans nos forêts quittent les sombres retraites où ils avaient passé leur
enfance, s'élèvent en troupes joyeuses dans les airs,
les parcourent en hordes souvent innombrables, et
méditent, dans ces courses vagabondes, les dégâts
incalculables qu'ils nous préparent, par les soins
qu'ils vont donner au bien-être de leur génération fu-

ture. Les femelles cherchent les arbres morts ou cariés, et même, à leur défaut, choisissent ceux qui
sont sains et vigoureux, pour cacher dans leur sein
le doux fardeau dont elles sont chargées. Quelques
espèces confient ce trésor maternel aux branches inférieures de nos sapins, afin que les jeunes vers, qui
ne tarderont pas à naître, puissent les perforer, les
priver de végétation et hâter ainsi leur desséchement;
ce qui a fait donner par Linné le nom de jardiniers
de la Nature à ces insectes, qui se chargent si complaisamment d'élaguer les rameaux inutiles. D'autres
espèces, plus nuisibles et plus pernicieuses, se glissent sous les écailles des écorces, pénètrent jusqu'à
l'aubier de nos arbres conifères, et y déposent, soit
en un monceau, soit séparément, dans des rainures
ou canaux creusés à l'avance, soixante à quatre-vingts
œufs de la grosseur d'une graine de pavot. Pour plus
de précautions, elles les recouvrent avec de la poudre de bois, et, à moins qu'elles ne soient épuisées
par ce travail, se percent une issue, pour revenir au
grand jour terminer une vie dont les destins sont
remplis.

Cependant, au bout de deux semaines environ, de
ces œufs il sort des larves ressemblant à celles de
Scarabées, ayant la bouche armée de mâchoires tranchantes, le corps muni de six pattes aiguës, et les
derniers anneaux du ventre renflés. Elles travaillent
aussitôt à construire des galeries, c'est-à-dire, à ronger les fibres du végétal dans les chemins sinueux

qu'elles se frayent. Vous allez juger, par l'extrait d'un ouvrage [1] aussi curieux qu'intéressant, quels dégâts sont dans le cas de produire ces créatures malfaisantes dont quatre-vingt mille individus se disputent souvent à la fois le même arbre.

« Les sapins, dans la tendre écorce intérieure desquels ces larves font leurs fouilles funestes, voient d'abord leurs feuilles en aiguilles se jaunir, et meurent à commencer par le haut de la cime. Il est peu de grandes forêts d'Allemagne qui n'aient éprouvé cette épidémie que l'on y appelle *wurmtrœkniss* (ce qui signifie, dans notre langue, sécheresse occasionée par la piqûre des vers); et l'on trouve dans les anciennes lithurgies notre Bostriche formellement mentionné sous sa dénomination vulgaire, ni plus ni moins que le Turc. Il existe déjà sur les registres de l'année 1665 des rapports circonstanciés du mal affreux qu'il causait; et alors on s'avisa du seul remède entièrement sûr à lui opposer : c'était d'abattre, dans le principe, tout arbre qui se trouvait attaqué, d'en enlever l'écorce et de peler l'arbre radicalement.

« Au commencement du dix-huitième siècle, ce fléau se manifesta plusieurs années consécutives dans les forêts du Hartz. Il reparut en 1757, redoubla de fureur en 1769, et alla toujours croissant jusqu'en 1777. Il parut que cette plaie voulait cesser en 1778

----

[1] Récréations tirées de l'*Histoire naturelle.*

et 1779; mais, dans les années suivantes, après un été très-chaud et très-sec, elle ne s'accrut que davantage, et même, de la manière la plus effrayante. Il se trouva dans le Clausthal seul plus de trois cent mille, et dans la contrée, en général, plus d'un million de troncs d'arbre absolument séchés sur pied. Les habitans du Hartz se virent, par là, menacés d'une ruine entière et l'exploitation de leurs mines d'une suspension totale... Le mal était parvenu à son comble en 1783. On pouvait évaluer, au Hartz seul, le nombre des arbres atteints de la maladie à un million et demi. Ce qu'on avait à se promettre pour l'avenir se présentait sous un aspect toujours plus effrayant; ces masses de sapins, naguère superbes et d'un vert si foncé, n'offraient plus à la vue qu'un jaune sale et portant l'empreinte de la mort... » Revenons à l'histoire de ces petits animaux.

Ces larves désastreuses, après avoir miné pendant quelques semaines les arbres de nos forêts, se préparent à passer, sous la forme de Nymphe, l'époque la plus critique de leur vie; car alors, si l'aquilon glace les airs et les atteint jusques sous les enveloppes ligneuses qui les protègent, il en tombe des millions sous la faux des frimats. Celles qui échappent à ce danger subissent bientôt, lorsque la saison est favorable, leur transformation la plus brillante et montrent encore, en commençant une carrière nouvelle, les habitudes destructives qu'elles déployaient dans leur enfance. Elles dévorent toutes les parties de l'aubier qui étaient restées intactes, dénaturent ainsi les galeries serpentantes qu'elles y avaient pratiquées et dont un air de ressemblance avec les dessins de nos gravures ou avec les lettres de l'alphabet a fait acquérir à quelques espèces de ces Bostriches, les noms de *Calcographe*, *typographe*, *etc.*

Adieu, Julie :

> Si, dans leur industrie active,
> Ces insectes pernicieux
> Traçaient les noms qui, dans ces lieux,
> Frappent leur oreille attentive;
> On verrait souvent dans ces bois,
> Où j'aime à venir quelquefois
> Me livrer à la rêverie,
> Sous l'écorce de nos sapins,
> Gravé par ces vivans burins
> Le nom si doux de mon amie!

Les Trogosites *

Antennes de onze articles, grossissant vers le sommet ou terminées
en massue.

Caractères. Antennes en massue de deux à quatre articles ou
grossissant insensiblement, perfoliées ou en scie vers le sommet.
— Mandibules parfois avancées. — Tête ordinairement petite.
— Corselet plat ou quelquefois convexe. — Corps le plus souvent
étroit, allongé et déprimé, d'autres fois cependant ovale ou même
hémisphérique.

Les larves vivent de diverses substances végétales.

Les insectes parfaits habitent principalement les bois, les lieux
ombragés.

---

* Trogosite, *Trogosita*; Olivier. (Τρωγῶ, je ronge; σῖτος, le blé.) Ils
composent la tribu des *Trogossitaires* de M. Latreille; partie de la division des
Corticoles (*cortex*, écorce; *colere*, habiter;) de M. Lamarck, et partie de la
famille des *Planiformes* ou *Omaloïdes* (Ομαλος, plate; ἰδέα, forme;) de
M. Duméril.

Lettre Quarante-septième.

LES TROGOSITES.

> Au loin cette foule ennemie
> Qui m'assiége hors de propos :
> Mon cœur a besoin de repos
> Lorsque j'écris à mon amie.
> Allons donc chercher quelques lieux
> Où, sous les ailes du mystère,
> Je pourrai, sans bruit, me soustraire
> A ces importuns si nombreux.

En vain ai-je tenté ce matin plusieurs fois de vous écrire; accablé de visites continuelles, j'ai cru être obligé d'y renoncer, lorsque j'ai pris le sage parti de me retirer en un endroit sûr, où je compte n'être qu'à vous seule pendant quelques heures.

> Ici, du moins, j'ose le croire,
> Je vous pourrai, quelques momens,
> Parler de ces êtres charmans
> Dont je vous crayonne l'histoire ;

> Là, je laisserai quelquefois
> S'égarer ma muse légère
> Dans les champs, les prés et les bois ;
> Là, je suivrai sur la fougère
> Les fillettes de nos hameaux,
> Et chanterai sur mes pipeaux
> Les danses des jeunes bergères,
> Et les ruses des animaux.

Celles des Trogosites qui vont faire le sujet de cette lettre ne vous sembleront pas moins curieuses, je l'espère, que celles des autres insectes dont vous avez déjà daigné passer la revue.

Compagnons des Faunes et des Sylvains, la plupart retirés dans les solitudes de nos bois, s'y cachent sous les écorces de ces chênes antiques dont la tête chenue ne reverdit plus sous le souffle des zéphirs. Ils s'y engraissent de la carie dont les ans outragent ces végétaux, ou se nourissent de leurs rameaux que le temps a frappés de sécheresse et de mort.

Quelques-uns, perdus parmi les débris qui couvrent le sol de nos forêts, dévorent les bolets dont la fraîcheur favorise le développement, ou perforent ces substances cryptogamiques qui s'attachent en parasites aux troncs des arbres, dont elles contribuent à affaiblir la vigueur en épuisant une partie de leur sève ; d'autres se plaisent dans les lieux humides de nos maisons, sur les planches vermoulues qui tapissent nos caves, ou près de ces bondons de tonneaux dont l'état de vétusté atteste les longs et nombreux services. On a découvert une espèce de cette famille qui, dans son enfance, recherche les matières animales et se contente au besoin de la membrane coriace d'une vessie de porc desséchée [1]; mais il en existe une autre qui, dédaignant la nourriture peu succulente qui plaît à ses congénères, ose faire à l'homme une guerre plus directe en attaquant les grains précieux qu'il enferme avec tant de soins dans ses greniers, et dont la récolte exige, pendant une année, des travaux presque continuels. Cette dernière mérite sur ses habitudes pernicieuses quelques détails qui ne peuvent être sans intérêt.

Cette larve, connue sous le nom de *Cadelle* dans nos provinces méridionales, n'est malheureusement que trop célèbre par les dégâts qu'elle nous cause. Son corps, pourvu de six pattes et composé de douze anneaux dont la couleur de lait contraste avec celle de sa tête d'ébène, la fait quelquefois découvrir à l'observateur attentif; mais son inconstance et son humeur inquiète contribuent, le plus souvent, à la soustraire à ses recherches. Plus dangereuse que les larves des Bruches et des Charansons, qui trouvent chacune dans une seule semence une provision sufisante pour passer le temps de leur jeunesse, celle qui nous occupe ne s'attache à un grain que pour

---

[1] De Géer. *Mémoires*, tom. 5 , pag. 45.

l'entamer ou le ronger à l'extérieur, et bientôt elle
passe à un autre et continue ainsi sa route vagabonde,
en laissant des traces nombreuses de son appétit dé-
sordonné. Elle mène ce genre de vie nomade jusqu'à
la fin de l'hiver; mais, dès que les beaux jours viennent rajeunir la Nature et que la chaleur renaissante
exerce sa douce influence sur tout ce qui respire, elle
cherche la fente d'une poutre, la crevasse d'une muraille pour y passer, dans le silence et l'obscurité,
les jours de retraite qui doivent la conduire à l'état
d'insecte parfait. Parvenu à ce terme glorieux, dans
lequel il obtient le complément de toutes ses fa-
cultés, le Trogosite semble vouloir faire oublier par
une conduite nouvelle les erreurs ou les fautes de
sa jeunesse : on le voit alors, en effet, respectant
ces semences dont il se montrait si avide, borner
ses soins à faire la guerre à divers insectes, surtout
aux teignes du blé, qui comme lui, dans leur enfance, occupaient tous leurs instans à nous nuire;
mais, par un penchant qu'il ne peut vaincre, il décèle bientôt ses habitudes criminelles, en plaçant,
au déclin de ses jours, le berceau de sa postérité
au sein de ces mêmes grains sans lesquels elle ne
peut vivre.

Gardons-nous cependant, Julie, d'accuser la Nature d'injustice ou d'imprévoyance dans ses desseins. Si l'homme apportait dans son étude moins
de malice ou d'ingratitude, il bénirait souvent la
main qu'il est tenté d'outrager par ses murmures.

Que deviendraient les dons de la terre lorsque nous en dédaignons l'usage? Leur dépérissement ne serait-il pas nuisible pour nous, si des insectes n'étaient destinés à détruire ce superflu? Aussi, dans les pays méridionaux où tout se décompose plus rapidement, la providence a-t-elle multiplié des êtres, tels que les Trogosites, qui ne se montrent jamais sous le ciel nébuleux des climats du septentrion : bien plus, en accordant à ces petits chevaliers d'industrie les ruses nécessaires pour trouver à subsister à nos dépens, elle a mis à notre portée tous les moyens de nous défendre de leurs ravages et de leurs déprédations. Ainsi, l'on a remarqué que le blé négligé dans les greniers était fréquemment attaqué des Cadelles, tandis qu'elles endommagent peu celui qu'une sage administration a fait vanner sur la fin de l'automne, et qu'elles ne touchent aucunement à celui qu'une prévoyance bien entendue a recueilli dans des sacs sitôt qu'il est battu. Adieu.

> A regret, il faut, mon amie,
> Quitter cet endroit de repos,
> Pour vaquer aux légers travaux
> Auxquels on enchaîne ma vie :
> Trop heureux, pendant ces instans,
> Si l'inévitable cohorte
> Des désœuvrés, des importans,
> Ne revient assiéger ma porte,
> M'assommer de froids complimens,
> Ou, d'une nouvelle futile
> M'entretenir de longs momens,
> Me raconter les bruits de ville

Et ceux qui circulent aux champs.
Dans ce cabinet solitaire,
Combien il me serait plus doux
De vous peindre les divers goûts
De ces insectes, gent légère,
Dont les mœurs, l'instinct curieux
Et les travaux industrieux
Vous rendent l'étude si chère ;
Mais l'usage, ce souverain,
Auquel on n'oserait déplaire,
Nous amène, soir et matin,
Des gens qui, d'une oisive vie
Pour tromper les trop longs instans,
Nous forcent, en cérémonie,
De tuer avec eux le temps.
O combien ces frivoles heures
Seraient moins longues à mes yeux,
Si, de retour dans vos demeures,
Vous veniez embellir ces lieux !
Alors, ô mon aimable amie,
Ces heureux, ces trop heureux jours
S'envoleraient toujours trop courts
Au gré de mon ame ravie !

Les Cucujes. [*]

Antennes de même grosseur ou s'amincissant vers leur extrémité.

Caractères. Antennes filiformes ou sétacées. — Mandibules saillantes. — Tête forte et triangulaire de la largeur du corps et rétrécie en arrière en manière de cou. — Corselet presque carré. — Corps allongé, déprimé. — Tarses toujours entiers, courts.

Les larves sont peu connues.

Les insectes parfaits se trouvent dans les bois, sous les écorces des arbres.

---

[*] Cucuje, *Cucujus;* Fabricius. (Étymologie incertaine, ainsi que celle de plusieurs autres noms créés par Fabricius.) Ils composent la familles des *Platysomes* (Πλατὺς, large; σωμα, corps;) de M. Latreille; partie de la division des *Corticoles* de Lamarck, et ils forment un des genres anomaux des Tétramérés de M. Duméril.

Lettre Quarante-huitième.

LES CUCUJES.

Le goût des voyages m'a gagné : je suis depuis hier dans les montagnes du Jura. Je compte pendant quelques jours encore parcourir ces sommets arides, m'égarer dans ces forêts éternelles ou explorer les bords de la rivière qui arrose Champagnolles.

En me promenant ce matin auprès de ces eaux limpides qui, comme le temps, fuyent sans retour et qui arriveront bientôt avec lui dans les campagnes que vous habitez, je n'ai pu m'empêcher de m'écrier :

De l'Ain, mes vers, osez suivre les ondes ;
Confiez-vous à ses flots orageux ;
Allez parcourir avec eux
Ces ravins, ces gorges profondes,
Dont l'aspect étonne les yeux.
Partez vers ce climat fertile,

> Vers ce séjour délicieux
>   Où la Saône, d'un cours tranquille,
> Vient grossir de ses eaux le Rhône impétueux.
> Dès que vous toucherez ce fortuné rivage,
> Dès que vous paraîtrez près de ces bords heureux,
> A Julie aussitôt présentez votre hommage ;
>   Dites-lui sur quel roc sauvage
>   J'ai porté mes pas curieux.
> Son souvenir si doux a charmé mon voyage ;
> Ces échos, ces forêts, ces bois silencieux
> Ont répété le nom de celle qui m'est chère ;
> Et sur le tronc moussu de ces sapins brunis,
>   Ma main, en double caractère,
> Vient de graver nos noms en chiffres réunis.

Si les anciens poètes avaient connu ces montagnes, ils y auraient sans doute relégué la Méditation et tous les sentimens amis de la retraite, comme ils ont placé les Muses au sein des prairies charmantes et des frais bocages qu'arrose le Permesse. Sous les rameaux qui pendent de ces roches escarpées ils auraient peint la Mélancolie, négligemment couchée sur le gazon, la tête appuyée sur sa main défaillante, mêlant aux eaux qui coulent à ses pieds, les pleurs délicieux, qui humectent sa paupière ; ils nous auraient montré la Rêverie assise sous ces sapins, cachée dans ces solitudes, où rien ne saurait troubler le vague de ses pensées ; ils auraient égaré dans ces déserts l'Amour malheureux, épanchant dans le silence sa douleur mystérieuse. Mais un naturaliste trouve ici bien d'autres jouissances : il ne peut faire un pas sans voir sa curiosité réveillée par

une foule de sujets nouveaux et intéressans. Là, c'est
le papillon Mnémosyne qui rappelle le souvenir des
Muses et de la colline sacrée ; ici, c'est l'Apollon
qui, d'un vol pesant et lourd, semble se traîner
dans les airs. Plus loin, au sein des bois, ces petits
animaux offrent mille tableaux variés : les uns, perdus dans la mousse, y passent des jours obscurs, mais
peut-être heureux ; les autres ministres du temps
dont ils secondent les efforts, rongent, minent, et
perforent ces végétaux séculaires que la faux de la
mort doit bientôt frapper. Parmi ces artisans actifs
armés de vrilles, de scies ou de tenailles, les Cucujes ne sont pas les derniers à l'ouvrage. Il est probable que dès leur enfance ils se frayent un chemin
dans ces troncs qui commencent à se carier, et qu'ils
lacèrent leurs fibres et leurs vaisseaux que la sève
abandonne ; du moins si leur petitesse, leur goût
pour la retraite et l'occasion peu fréquente qu'on a
de les observer n'ont pas permis jusqu'à ce jour de
connaître d'une manière positive les habitudes de
leur jeune âge, tout tend à confirmer les soupçons
qu'on a sur leur manière de vivre. Parvenus au
dernier degré de leurs métamorphoses, ils abandonnent peu les lieux qui les ont vu naître, ou si
parfois l'hymen les appelle sous la feuillée et les
égare sous des dômes de verdure, ils ne tardent
pas à regagner le dessous des écorces sous lesquelles
leur corps déprimé semble destiné à glisser. Ne
croyez pas, toutefois, que ces petits animaux s'ar-

rétent alors au hasard dans leur course vagabonde
et qu'ils aillent, par exemple, placer étourdiment
sur des rameaux sains les germes de leurs descendans : celui qui créa le hêtre ou le chêne superbe,
l'honneur des vallons, n'arme point contre leur
enfance des ennemis dévorans auxquels leur faiblesse ne saurait résister; mais en revanche, dès
que ces arbres arrivent à leur terme ou penchent
vers leur déclin, les Cucujes se joignent aux autres
légions d'insectes qui viennent hâter leur ruine,
pour rendre plus promptement à la terre leurs débris féconds, que la Nature cachera bientôt sous
des fleurs, ou qu'elle couvrira de rejetons nouveaux.
Adieu :

> Je vais parcourir les forêts
> Qui couvrent ces rives désertes,
> Et poursuivre mes découvertes
> Au milieu de ces bois épais.
> Au sein de ces tiges penchées
> Par le poids et l'effort des ans,
> Dans ces troncs cavés par le temps,
> Sous ces écorces desséchées,
> Si la Nature, quelquefois,
> M'explique ses obscures lois,
> Ou me révèle des mystères
> Aux savans encore inconnus,
> Ma plume ne tardera guères
> A vous envoyer ses tributs.
> Ce devoir est trop agréable
> Pour négliger de le remplir,
> Quand le hasard vient m'en offrir
> Une occasion favorable.

COLÉOPTÈRES TÉTRAMÉRÉS.

PILIFÈRES [1].

Familles.

Antennes *Filiformes ou sétacées.*

  Insérées dans une échancrure des yeux.

Ailes repliées sous les étuis ; élytres non rétrécies, de la longueur du ventre ; corselet souvent épineux . . . . les CAPRICORNES.

Ailes étendues ; élytres très-courtes ou resserrées. . . les NÉCYDALES.

  Libres ou n'étant pas entourées à leur base par les yeux.

Tête rétrécie à sa base en manière de col ; yeux toujours entiers ; corselet plus étroit en devant, quelquefois épineux ; élytres rétrécies à leur extrémité . les LEPTURES.

  Tête non rétrécie en manière de col.

Corselet cylindrique ou presque carré, plus étroit que les étuis. . . . . les CRIOCÈRES.

  Corselet de la largeur des étuis et non cylindrique ou carré.

Corselet cachant la tête ; élytres débordant le corps . . . . les CASSIDES.

Corselet ne cachant pas la tête ; élytres ne débordant pas le corps les CHRYSOMÈLES.

Terminées en massue persoliée. . . . . . . les PHALACRES.

---

[1] *Pilus*, poil ; *fero*, je porte ; à cause des brosses dont leurs tarses sont munis en dessous.

Les Capricornes.*

Antennes filiformes ou sétacées, insérées dans une échancrure des yeux ; ailes repliées sous les élytres ; ailes non rétrécies, de la longueur du ventre ; corselet souvent épineux.

Caractères. Antennes filiformes ou le plus souvent décroissant vers leur extrémité ordinairement très-longues, quelquefois même le double plus longues que le corps. — Yeux en forme de reins, entourant les antennes à leur base. — Corselet parfois arrondi ; mais le plus souvent en hexagone, avec une ou plusieurs épines ou dents de chaque côté. — Corps allongé, presque cylindrique. —Tarses garnis de brosses en dessous avec le pénultième article divisé en deux parties.

Les larves sont apodes ou n'ont que de très-petits pieds. Elles habitent presque toutes l'intérieur des arbres.

Les insectes parfaits se trouvent dans les forêts ou sur les arbustes des jardins et des champs.

---

* Capricorne, (*capra*, chèvre; *cornu*, corne;) *Cérambix*; (Κερας, corne; βους, bœuf;) Linné. Ils comprennent une partie de la famille des *Longicornes* de M. Latreille, de la division des *Cérambiciens* de Lamarck, et de la famille des *Lignivores* (*lignum*, bois ; *vorare*, manger;) ou *Xylophages* (Ξυλὸν, bois ; φαγος, mangeur;) de M. Duméril.

Lettre Quarante-neuvième.

LES CAPRICORNES.

Champagnolles, 18 août.

J'arrivais cette après-midi de la campagne que je n'avais cessé de parcourir depuis l'aube du jour ; la chaleur était accablante ; l'air était lourd et pesant : tout indiquait l'approche d'une tempête.

> L'hirondelle effleurait les eaux ;
> L'autour abandonnait la nue,
> Et de mille petits oiseaux
> La tourbe craintive et menue
> Se cachait parmi les roseaux ;
> Le pinson cessait sa romance,
> La fauvette oubliait ses chants ;
> Un morne et sinistre silence
> Succédait au courroux des vents ;
> Le calme, annonce des orages,
> Régnait dans les vallons déserts ;
> Cependant d'énormes nuages
> S'amoncelaient au haut des airs ;
> La foudre dans leurs flancs humides

> Roulait ses carreaux enflammés,
> Et bientôt en torrens rapides
> Leurs noirs flocons sont transformés.

J'étais à écouter le bruissement de la pluie affreuse qui tombait depuis quelques instans, lorsque mon attention se trouve réveillée par le roulement précipité d'un char qui s'avançait, et par l'éclat bruyant du fouet du postillon, dont les échos nombreux de la cour de l'hôtel répétaient les claquemens cadencés. Poussé par la curiosité à examiner les étrangers qui arrivaient en si piteuse conjoncture, j'ouvre ma croisée;... ô surprise!... je pousse un cri, je franchis les escaliers en quelques sauts, et je me trouve dans les bras de notre ami T**, sans doute aussi étonné que moi de nous rencontrer à Champagnolles. Il se rendait de Paris à Genève, qu'il veut faire visiter à ses deux sœurs avant de retourner dans nos montagnes. Vous devinez que je n'ai pas eu beaucoup de peine à déterminer cet aimable trio à passer ici la soirée : le plaisir que nous éprouvions à être ensemble était trop vif pour ne pas chercher à en prolonger la durée. Nous voilà donc dans mon appartement, oubliant dans les douceurs de la conversation les momens passés sans nous voir, et bravant au près d'un feu, dont la température raffraichie faisait sentir l'agrément, la pluie épouvantable qui continuait à attrister ce pays. La nuit cependant commençait à voiler la nature; les ombres descendaient du faîte des bâtimens et ne nous permettaient plus de distinguer les traits de notre figure qu'à la clarté vaccillante de la flamme du foyer : tout-à-coup nous entendons sortir du brasier un son presque semblable au sifflement d'un serpent. D'où peut provenir ce bruit, s'écrie aussitôt Mlle Pauline? quelle peut en être la cause?

> Serait-ce la timide voix
> D'une Hamadryade plaintive,
> Dont l'existence fugitive
> Abandonne à regret ce bois?
>
> Entendons-nous le cri folâtre
> D'un Sylphe égaré dans les airs?
> Un esprit sorti des enfers
> Soupire-t-il près de cet âtre?
>
> Est-ce le doux gémissement
> Que pousse quelque ombre inquiète,
> Qui vient à sa peine secrète
> Demander du soulagement?
>
> L'air qui de ce foyer s'échappe
> Produirait-il ce sifflement?
> Ce murmure aigu qui nous frappe
> Ne serait-il qu'un jeu du vent?

Nous étions depuis quelques minutes occupés à discuter sur ce sujet, avec la chaleur que mettent parfois des académiciens à expliquer des phénomènes inexplicables de la Nature, lorsque le hasard est venu me révéler le mot de cette énigme. Je l'ai trouvée! je l'ai trouvée! me suis-je écrié, la cause que nous cherchons! oui, je l'ai trouvée : nous venons d'ouïr le râle d'un être agonisant et d'entendre les derniers soupirs d'une larve de Capricorne. Vous jugez que le fait était trop curieux pour ne pas être vérifié sur-le-champ. Nous avons donc retiré du foyer une bûche embrasée que je soupçonnais devoir recéler cette créature, et nous avons effectivement rencontré, en fendant cette pièce de bois, l'animal vermiforme que je supposais devoir exister.

Il a fallu, pour compléter cette découverte, raconter à nos amis l'histoire des insectes qui composent cette famille lignivore : je vais vous répéter ces détails, dans l'espoir qu'ils vous seront agréables.

Remarquez, leur ai-je dit, les mâchoires cornées qui arment la bouche de cette larve : c'est à l'aide de ces tenailles robustes qu'elle coupe les fibres des vegétaux, et qu'elle pratique dans le tronc des chênes ces galeries cylindriques, ces chemins couverts qui hâtent la décrépitude de ces géans de nos forêts. Voyez avec quelle attention la Nature a eu le soin de raccourcir ses pattes, pour qu'elles ne soient pas un obstacle à son passage dans les dédales obscurs qu'elle parcourt ; admirez avec quelle prévoyance cette bonne mère a pourvu de mamelons les derniers anneaux de son corps pour lui donner les moyens d'opérer plus facilement les mouvemens vermiculaires qui la poussent en avant. Quelques espèces de ces créatures, pour masquer les ravages qu'elles opèrent dans l'intérieur des arbres, ont le soin, à chaque pas qu'elles font, de remplir le chemin qu'elles laissent derrière elles avec de la vermoulure, c'est-à-dire, avec le bois qu'elles ont rongé et qui conserve sa couleur première après avoir passé par leur estomac. Cachées dans ces sombres retraites, ces larves semblent y jouir de tout ce qui peut flatter leur appétit vorace; mais la liberté, ce bien dont l'homme est si jaloux, ne vient jamais faire briller à leurs yeux son flambeau sacré, tant que le terme de leur captivité n'est pas arrivé. Ce n'est qu'après avoir été enfermées pendant deux ou trois ans, et avoir acquis dans les corridors étroits de cette prison leur accroissement complet, qu'elles s'enveloppent d'un voile mystérieux, préparent leur sortie de ces lieux obscurs, et se montrent bientôt au dehors sous la forme de ces insectes élégans, à qui leurs longues antennes donnent un petit air de famille qui les distingue de tous les autres Coléoptères. Lorsqu'on tente de les saisir sous leur costume nouveau, ils cherchent à pincer, avec leurs mandibules cornées, les doigts qui les captivent, et produisent par le frottement de la base de leur ventre contre la paroi intérieure de leur corselet un cri plaintif et monotone.

On trouve souvent dans les lieux ombragés ces timides habitans des bocages. Les uns, accrochés aux branches des saules, dispersés en grand nombre sur leurs rameaux, font briller parmi leurs feuilles blanchâtres leur corps d'un vert bronzé, et embaument la main qui les saisit de l'odeur de rose qu'ils exhalent; les autres, retirés dans l'épaisseur des bois, errent sur la feuille nouvelle et y sucent la liqueur sucrée qui en exsude; tandis que les plus solitaires se cachent dans les trous qu'ils ont pratiqués dans leur enfance, ou se reposent sur les troncs noirâtres des arbres dont leur robe obscure imite la couleur. Le soir, cependant, ils quittent leur retraite, volent au travers de nos forêts, les parcourent même avec rapidité, en agitant leurs antennes d'une longueur démesurée, qui leur servent de guide dans leur route. On peut les voir alors dans les clairières, à l'heure ou le rossignol module ses chants d'amour, agiter leurs ailes légères aux doux rayons de l'astre des nuits, ou les entendre dans la profondeur des bois suivre, d'un vol bruyant et sonore, l'hymen qui les appelle à des fêtes qui sont les préludes de leur mort. Les femelles de ces insectes, à qui la Nature accorde une existence plus prolongée afin de leur donner le temps de remplir leur devoir le plus doux, voltigent bientôt après autour des arbres cariés, introduisent dans leurs crevasses l'oviducte allongé qu'elles tiennent ordinairement engainé dans leurs corps, et font glisser dans cette couchette secrette les germes des descendans nombreux qui doivent les remplacer sur la terre.

J'avais cessé de parler, et nos amis prêtaient l'oreille pour m'écouter encore, tant ils trouvaient de charmes dans les merveilles que la Nature nous révèle. Mlle Émilie ne rompit le silence que pour

envier l'avantage que vous avez d'apprendre une
science si aimable; mais son frère reprit aussitôt
que le bonheur de votre maître devait seul faire
des jaloux, et qu'il donnerait tout au monde pour
avoir une semblable écolière. Il est inutile, Julie,
de vous apprendre que le sentiment de M. T** était
entièrement le mien :

> Je sens trop le plaisir qu'on trouve à vous instruire ;
> D'une telle faveur je connais trop le prix,
>   Pour qu'il soit besoin de vous dire
>   Que je partageais son avis.

Les Nécydales [*]

Antennes filiformes ou sétacées, insérées dans une échancrure des yeux; ailes étendues; élytres très-courtes ou resserrées brusquement à l'extrémité.

Caractères. Antennes filiformes, plus courtes que le corps. — Tête inclinée en devant. — Yeux en croissant, entourant la base des antennes. — Corps étroit, allongé, presque cylindrique. — Élytres tantôt très-courtes, tronquées; tantôt rétrécies et séparées à leur extrémité.

Les larves vivent probablement dans les bois.

Les insectes parfaits se trouvent sur les fleurs.

---

[*] Nécydale, *Nécydalis.* Linné. (Νεχυδαλος, nom employé par Aristote, livre 5, chap. 19.) Elles forment la tribu des *Nécydalides* de la famille des *Longicornes* de M. Latreille; partie de la division des *Cérambiciens* de Lamarck, et partie de la famille des *Angustipennes* ou *Sténoptères* de M. Duméril.

Lettre Cinquantième.

LES NÉCYDALES.

Que devez-vous penser, Julie, de n'avoir pas reçu de mes nouvelles depuis près de quinze jours? Sans doute, vous taxez d'oubli ce silence prolongé ; cependant si vous connaissiez les causes de ce retard, un sentiment d'intérêt remplacerait peut-être, dans votre cœur, les reproches que vous seriez tentée d'adresser à votre ami.

Sachez donc que depuis quinzaine,
Accablé par la toux, la fièvre, la migraine
   Et mille autres maux à la fois,
  Dans un lit, témoin de mes peines,
  J'ai passé deux tristes semaines,
  Qui m'ont paru longues d'un mois.
  Là, presque réduit aux abois,
  Malgré la science profonde
  D'un docteur renommé du jour,

> J'aurais sans doute passé l'onde
> Que l'on traverse au noir séjour,
> Si mon Esculape, à son tour,
> N'eût attrappé par occurrence
> Un mal subit et dévorant :
> J'ignore si cet accident
> A pu sur mon état avoir quelqu'influence ;
> Mais du moins ma convalescence
> A commencé dès ce moment.

Mon premier soin a été de songer à vous écrire, et le mieux notable que j'ai ressenti à la seule idée de causer de nouveau avec vous, m'a prouvé que ce plaisir suffirait pour achever ma guérison. Aussi

> Je sens que ce remède heureux,
> Que cet aimable spécifique,
> Produit un effet moins douteux
> Que la rhubarbe et l'émétique.

Il faut néanmoins songer à vous parler de la science; car c'est peut-être le seul objet qui recommande à votre intérêt les lettres que je vous écris. Je vais donc, ne pouvant observer encore sur les lieux les Nécydales dont j'ai le dessein de vous entretenir, emprunter à mes souvenirs les observations dont je composerai leur histoire.

Combien de fois, dans mes promenades solitaires, n'ai-je pas rencontré ces insectes, dont les étuis rétrécis à leur extrémité, ou raccourcis avec élégance, attirent les regards de l'observateur? Combien de fois ne les ai-je pas vus sur le parasol argenté de l'ammi, sucer dans ses petites coupes étoilées le miel aromatique qu'elles contiennent, ou sommeiller au souffle caressant de Zéphire, qui les berçait sur ces tapis veloutés ?

Avec quelle ardeur n'ai-je pas alors cherché à soulever le voile qui nous cache leurs formes, leurs habitudes et les lieux qu'elles fréquentent dans leur enfance ! J'ai demandé aux fleurs et aux gazons de me révéler ce secret ; j'ai fouillé le sol de nos coteaux pour pénétrer ce mystère ; j'ai interrogé nos bois pour éclaircir mes doutes et mes soupçons ; mais toujours le hasard a refusé de me servir. On peut croire cependant, d'après l'analogie qui existe entre les petits animaux de la famille précédente et de celle qui nous occupe, que ces derniers, au sortir de l'œuf, vivent également retirés dans les arbres de nos forêts dont les troncs outragés par le temps semblent inviter une foule d'insectes à hâter leur chute. Leur organisation extérieure semble répondre même à toutes les objections qu'on pourrait faire contre cette opinion. Plusieurs Nécydales, en effet, ont l'extrémité du ventre pourvue d'un tuyau semblable à celui dont se servent les femelles des Capricornes pour introduire, dans les crevasses des chénes, les graines vivantes qui doivent perpétuer leur race.

Voilà une assez longue lettre, allez-vous vous écrier peut-être, pour des détails que j'aurais pu réduire à quelques lignes ; mais, que voulez-vous ? l'occupation attrayante de vous écrire, produit une impression si favorable sur mon état, que vous m'excuserez sans doute d'avoir traité aussi longue-ment ce sujet.

> Oui, causer avec mon amie,
> Lui dépeindre ce que ressent
> Mon ame enchantée et ravie,
> Est un plaisir si ravissant,
> Une faveur toujours si chère,
> Une si douce volupté,
> Que pour moi, pleine de bonté,
> Vous me pardonnerez, j'espère,
> D'user du moyen salutaire
> Qui peut me rendre la santé.

Les Leptures.*

*Antennes filiformes ou sétacées, libres, ou n'étant pas entourées
à leur base par les yeux ; tête rétrécie à sa base en manière de
col ; yeux toujours entiers ; corselet plus étroit en devant, quelquefois épineux ; élytres rétrécies à leur extrémité.*

Caractères. Antennes moins longues que le corps, filiformes ou
sétacées. — Yeux arrondis ou n'offrant qu'une légère échancrure,
n'entourant pas la base des antennes. — Tête penchée, rétrécie
par derrière en forme de cou. — Corselet ordinairement en trapèze, mais parfois épineux. — Élytres rétrécies progressivement
vers l'extrémité.

Les larves vivent dans le bois.

Les insectes parfaits se trouvent sur les fleurs.

---

* Lepture, *Leptura;* Linné. (λεπ⸱ός, rétrécie ; οὔρα, queue. Leurs élytres
étant graduellement rétrécies jusqu'à l'extrémité). Ils forment la tribu des *Lep-
turètes* de la famille des *Longicornes* de M. Latreille ; composent une partie
de la division des *Cérambiciens* de Lamarck, et partie de la famille des *Lignivores* ou *Xilophages* de M. Duméril.

Lettre Cinquante-unième.

LES LEPTURES.

> Que mon docteur ne vienne plus
> M'étaler son savoir précaire,
> Ou m'offrir des soins superflus
> Pour quelque mal imaginaire ;
> Car, grâces au dieu tout-puissant
> Qui donne la santé chérie,
> Mon corps naguères languissant
> Jouit d'une nouvelle vie ;
> Ma mine est déjà plus fleurie,
> Et mon appétit est naissant.

Vous devinez que j'ai déjà consacré les premiers instans de mon rétablissement à l'observation si douce et si attrayante des merveilles de la Nature ; c'est d'ailleurs un devoir que je me suis imposé en souscrivant à vos désirs. Je vais donc, pour remplir des obligations que l'espoir de vous plaire rend si

légères, vous apprendre avant mon départ de ce
pays, ce qu'offre de plus curieux l'histoire des Leptures.

Si vous avez observé que, parmi nous, les cousins,
même les plus éloignés, ont souvent entre eux un
air de ressemblance qui décèle leur parenté, il sera
inutile de vous faire remarquer la configuration
générale des insectes qui vont nous occuper, et de
vous montrer les antennes allongées qui ombragent
leur front, pour vous apprendre qu'ils sont liés aux
Capricornes par beaucoup de rapports naturels.

Les Leptures, à l'exemple des autres lignivores,
s'enfoncent au sortir de l'œuf dans les racines des
arbres, se glissent sous les écorces de leurs rameaux
et y pratiquent des galeries, dont la largeur aug-
mente avec l'embonpoint de l'artisan qui les construit. On peut donc, en ouvrant ces canaux, juger
de la grosseur qu'a acquise le petit animal, dans une
longueur de quelques pouces, ou savoir quels efforts
il a dû faire et quelle distance il a dû parcourir pour
parvenir au terme de sa croissance.

On ne saurait fouiller le pied d'un chêne un peu
mûr sans rencontrer quelques-uns de ces êtres voraces. Leur corps presque quadrangulaire, leur dos
muni de mamelons destinés à suppléer à la nullité
de leurs pattes raccourcies, les font reconnaître de
prime abord, sans qu'il soit nécessaire d'inspecter
leurs mâchoires cornées, à l'aide desquelles ils pré-

parent les ravages que la carie fera bientôt dans les
couches ligneuses qu'ils attaquent. Que vont donc
devenir ces arbres antiques, protégés des Quercu-
lanes, qui élèvent si majestueusement dans les airs
leur tête séculaire ? Espérons, Julie, en la Providence; elle suscitera bientôt contre ces charpentiers
actifs, ces bûcherons dangereux, des ennemis redoutables. Ne voyez-vous pas déjà le Pic vert à tête
écarlate, grimper sur ces troncs perforés, darder sa
langue en alène dans les cavités où se logent ces
larves, et annoncer au loin par un cri perçant de
joie la rencontre inattendue de cette proie succulente? Celles qui échappent à ce danger, parvenues
vers la fin de l'automne à la grosseur qui leur est
assignée, se préparent dans les corridors de leur
prison obscure une couchette secrète, pour y passer,
dans un sommeil léthargique, les jours rigoureux où
la Nature se couvre de deuil; mais, dès que la sève
des végétaux, glacée par les frimats, commence à se
dégourdir sous l'haleine caressante des vents prin-
tanniers, ces créatures, averties du changement heureux survenu dans la température, se hâtent de
quitter le sépulcre dans lequel elles dormaient en-
sevelies, pour aller, dans un costume plus brillant,
jouer un rôle nouveau sur le théâtre de l'univers.

Quelques-unes alors, fidèles aux lieux qui les ont
vu naître, s'éloignent peu des ombrages qui voi-
lèrent leur berceau. On les trouve cachées sous les
feuilles ou courant sur les écorces les plus lisses, à

l'aide des crochets aigus qui terminent leurs pattes veloutées ; mais si l'Épeiche ou le Pic noir viennent tout-à-coup grimper en spirale sur les arbres voisins, et faire résonner sous leurs coups de bec les flancs caverneux des chênes décrépis, glacées de terreur à ce son effrayant, elles s'arrêtent immobiles en étendant parallèlement leurs antennes en avant, et attendent dans cette posture gênante que le silence les rappelle de leur effroi, en leur annonçant le départ de leurs ennemis.

Les autres Leptures, au sortir des lieux qui protégèrent leur enfance, viennent dans nos champs et nos prairies disputer au Papillon les fleurs qui les émaillent, et brillantes comme lui de jeunesse et d'atours, nous faire admirer les couleurs vives et tranchantes de leur robe, souvent enrichie de velours et de satin. Dès qu'on les approche, elles fuient avec rapidité la main qui les poursuit, ou s'élèvent dans les airs d'un vol lourd et pesant, ou savent encore, quand le danger est imminent, se laisser rouler à terre et simuler l'état de mort pour tromper l'ennemi prêt à les atteindre ; mais si leur ruse n'obtient aucun succès, si l'on parvient à les saisir, elles produisent, par le frottement de leur corselet contre la base des étuis, un cri plaintif, qui semble imiter la prière suppliante d'un vaincu.

Tandis que je trace ces lignes, les préparatifs de mon départ se terminent et m'annoncent que bientôt j'aurai dit adieu à ce pays.

J'entends crier sous la remise
Le méchant et poudreux sapin,
Dans lequel, avec ma valise,
Je vais m'encager ce matin;
Je vois la pauvre hacquenée
Qui me doit de cette journée
Tracer le pénible chemin;
A sa pitoyable structure,
Son humble et modeste maintien,
Vous la prendriez pour la monture
Du chevalier ibérien,
Célèbre par mainte aventure,
Ou vous penseriez, je vous jure,
Voir le respectable doyen
Des nombreux coursiers de louage
Qui mènent hors de ce village
Tout voyageur plébéien.
Cette étique et triste merveille,
Ce tout débonnaire animal
Ne répond aux coups d'un brutal
Qu'en remuant sa longue oreille.
Sa patience sans pareille,
Son calme rare et sans égal
Me doivent préserver, sans doute,
De la peur de lui voir en route
Prendre jamais le mors aux dents;
Mais que son allure si lente
De mon humeur impatiente
Exciterait les mouvemens,
Si, pour soutenir mon courage,
Votre agréable souvenir
Ne venait pas m'entretenir
Jusqu'au terme de mon voyage!

⋙⋗✦⋖⋘

Les Criocères *

Antennes filiformes, n'étant pas entourées à leur base par les yeux; tête non rétrécie en manière de col; corselet cylindrique ou presque carré, plus étroit que les étuis.

Caractères. Antennes filiformes ou grossissant insensiblement vers l'extrémité, insérées au-devant des yeux. — Tête un peu enfoncée dans le corselet. — Yeux entiers, ou légèrement échancrés. — Corselet plus étroit que le ventre. — Corps oblong. — Cuisses postérieures souvent renflées.

Les larves vivent sur diverses plantes, et se recouvrent de leurs excrémens; plusieurs cependant habitent l'intérieur de quelques végétaux aquatiques et rongent leur intérieur.

Les insectes parfaits se trouvent sur les plantes où ils ont vécu dans leur jeune âge.

---

* Criocère, *Crioceris*; Geoffroy. (Κριὸς, bélier ; κερας, corne;) Ils forment la famille des *Eupodes* (Εὖ, bien ; ποῦς, ποδὸς, pied ; qui jouissent de l'avantage d'avoir de bons pieds ; à cause de leurs membres forts et de leurs cuisses postérieures renflées). Ils font partie de la division des *Chrysomélines* de Lamarck, et de la famille des *Herbivores* ou *Phytophages* (φυτὸν, plante ; φαγος, mangeur ;) de M. Duméril.

Lettre Cinquante-deuxième.

LES CRIOCÈRES.

Loin de ces romantiques lieux
Où, frappé des feux de l'aurore,
Le Jura, fier et radieux,
Montre à cent rivaux envieux
L'éclat dont son front se colore,
Dans nos vallons du Beaujolais
Je suis venu chercher encore
La santé, le calme et la paix.
C'est là que, casanier tranquille,
Des jours que Lachésis me file
J'utilise tous les instans ;
C'est là que je fuis de la ville
Les frivoles amusemens
Et me crée un bonheur facile
Et des plaisirs toujours naissans.

Il est inutile d'ajouter que la Nature fait presque
tous les frais des jouissances que j'éprouve, en fixant,

par la variété de ses tableaux, jusqu'à la mobilité de mes désirs.

Hier je parcourais mon jardin dans l'espoir d'accroître mon trésor entomologique de quelques richesses nouvelles, lorsque votre aimable amie, Melle Émilie, vint me rejoindre. Quoi donc, me dit-elle, ferez-vous une guerre éternelle à ces pauvres insectes? Vos champs, aussi redoutables que les entours du château d'Atlant, ne pourront-ils être abordés par aucune mouche, aucun papillon, sans qu'ils ne courent le risque d'être emmenés captifs? Et, plus à craindre pour eux qu'une duègne ou qu'un tuteur, ne pourront-ils, dans votre voisinage, s'aimer en paix sans votre permission? S'ils cherchaient du moins à vous nuire! — Me nuire, repris-je avec vivacité, voyez donc de grâce l'état dans lequel ils ont mis mes asperges, et vous jugerez si je puis supporter et être témoin patient de pareils dégâts! Je veux que vous les preniez vous-même en flagrant délit, pour vous ôter jusqu'au prétexte de croire à une injustice de ma part. Je lui montrai alors un Criocère rouge, orné de points noirs, occupé à ronger la sommité d'une de ces plantes favorites des gourmands. Vous avouerez, j'espère, sa culpabilité; je laisse à votre discrétion le choix du supplice. J'étendis aussitôt la main pour le saisir; mais à peine devina-t-il mon intention, qu'il se laissa tomber subitement, comme un mousse placé à l'extrémité d'une vergue se précipite dans la mer. Il vous serait bien diffi-

cile, continuai-je, de le disculper, puisqu'il se re-
connait lui-même fautif en cherchant à se cacher.
— Plaisante observation, reprit-elle; la crainte n'est-
elle pas le partage de tous les êtres faibles? Votre
main, qui devait être à ses yeux d'une grandeur
effrayante, ne suffisait-elle pas pour lui faire songer
à son salut par une fuite précipitée? Guliver n'en
agit-il pas aussi prudemment en se couchant dans
un sillon à la vue des gigantesques habitans de
Brobdingnac? Mais je suppose, poursuivit-elle, qu'un
de ces atomes ait légèrement entamé une de vos asperges, croyez-vous que la Providence fasse dans
votre intérêt seul croître vos légumes et mûrir vos
fruits?

> De l'homme quel est donc l'erreur?
> Il faut que pour lui seul la terre soit féconde,
> Que les êtres divers qui fourmillent au monde
> Ne travaillent qu'à son bonheur;
> Et cet animal qui raisonne,
> Par un vain orgueil emporté,
> Voudrait souvent de sa félicité
> Ne rendre grâces à personne?

De plus, on ne condamne pas sur une seule preuve:
que diriez-vous même, ajouta-t-elle d'un air triom-
phant, si je vous opposais une observation en leur
faveur? Jetez donc les yeux de ce côté, et examinez
si cet insecte, qui semble là depuis long-temps, a
le moins du monde attaqué la plante sur laquelle
il repose. — Oh, le petit scélérat, m'écriai-je, plus
malfaisant encore que le premier! Ne remarquez-

vous pas dans cet immobile une femelle toute occupée des devoirs de la maternité? Ne la voyez-vous pas déposant ses œufs, qu'elle dispose par petits tas de huit à dix semences? Ces graines se collent facilement à la plante par l'humeur visqueuse qui les recouvre, et au bout d'une quinzaine de jours il en sort de jeunes larves qui se répandent, comme vous le voyez, sur les rameaux où furent placés leurs berceaux. — Quoi! me dit-elle, ces objets qui paraissent être un amas des matières les plus dégoûtantes, ont-ils un principe de vie dans leur sein? Ne ressemblent-ils pas aux saletés qui recouvrent les feuilles du lys des jardins? — Justement, lui avouai-je; mais la malpropreté qui vous a frappée n'est que le voile ou l'habit qui sert à vêtir l'insecte caché dessous: la Nature qui lui a donné une peau très-fine, a, pour contrebalancer cet inconvénient, disposé son anus de telle manière, que les excrémens qui en sortent ne peuvent prendre d'autre direction que celle de remonter sur le corps, qu'ils défendent des trop fortes ardeurs du soleil et de la voracité des oiseaux. L'animal, ainsi à l'abri de tout danger, s'engraisse à volonté, jusqu'au terme marqué de ses déprédations. Il s'enfonce alors dans la terre, se renferme dans une boule, qu'il enduit intérieurement d'une bave soyeuse, et s'y prépare à son dernier changement. Quinze jours après environ, il sort de ce sépulcre et paraît sous une forme nouvelle, qui n'apporte, ainsi que vous en avez été

témoin, aucun changement à ses habitudes pernicieuses.

Quelques autres Criocères qu'on trouve parmi les
roseaux, vivent dans leur enfance dans les racines
des plantes aquatiques qu'elles dévorent.

La plupart des insectes de cette famille sont ornés
de couleurs brillantes ou métalliques ; plusieurs
sont remarquables par l'enveloppe épineuse qui les
recouvre et d'où ils tirent la dénomination générique d'*Hispe*.

Je vous confesse, me dit alors Melle Émilie, que
vous m'avez gagnée à votre parti ; je vais, à votre
exemple, exterminer, si je puis, cette race dévas-
tatrice.

Votre amie me quitta à ces mots, et je me retirai
dans mon appartement pour commencer à vous faire
part de notre entretien.

> Adieu : Par un bonheur qui m'est peu familier,
>   Si dans ce jardin solitaire,
>   Sous cet ombrage hospitalier,
>   Vous eussiez, aimable écolière,
>   A ces leçons pris quelque part,
> J'aurais, pour profiter de cet heureux hasard,
>   Tâché d'allonger la matière
>   Pour retarder votre départ.

Les Cassides.*

Antennes filiformes; yeux n'entourant pas la base des antennes; corselet arrondi en devant, cachant la tête; élytres débordant le corps.

Caractères. Antennes filiformes ou grossissant insensiblement. — Tête cachée sous le corselet ou reçue dans son échancrure postérieure. — Corselet demi-circulaire, aussi large à sa base que les élytres. — Corps presque hémisphérique, oblong. — Étuis couvrant le ventre qu'ils débordent.

Les larves vivent sur les plantes.

Les insectes parfaits se trouvent non loin des lieux où ils ont passé leur enfance.

---

* Casside, *cassis, cassidis* (casque, à cause de leur corselet qui leur couvre la tête;), Linné. Ils forment la tribu des *Cassidaires*, de la famille des *Cycliques* (Κύκλος, cercle, à cause de la forme de leur corps). Ils entrent dans la division des *Chryomélines* de Lamarck, et dans la composition de la famille des *Herbivores* ou *Phytophages* de M. Duméril.

Lettre Cinquante-troisième.

LES CASSIDES.

> Vainement, ô ma jeune amie !
> Vous efforcez-vous de cacher
> Sous la plus rare modestie,
> Ces talens, gage de génie,
> Et ces douces vertus qui vous font rechercher ;
> De votre esprit, faible étincelle,
> Un mot bien souvent vous décèle,
> Un mot suffit pour vous trahir :
> Ainsi la rose virginale
> Répand le parfum qu'elle exhale
> Au souffle du moindre zéphyr.

Il est bien plus facile aux Cassides, dont je vais vous esquisser les mœurs, de se dérober à notre vue sous l'espèce de carapace qui les recouvre. Il faut être pour ainsi dire à demi sorcier, ou avoir une certaine habitude d'observer les merveilles de la Nature pour les découvrir sur les feuilles auxquelles elles semblent collées. Tout contribue, en effet, à tromper l'œil de l'observateur; leur corps aplati en dessous, leurs étuis qui débordent le ventre et le cachent comme sous un test, leur corselet qui couvre la tête, souvent même jusqu'aux couleurs qui les parent et qui font illusion par leur identité avec celles des lieux qu'elles habitent.

Ne vous étonnez pas de tant de prévoyance de la part du Créateur : celui qui donna la vitesse de l'éclair au chamois, l'inquiétude soupçonneuse au lièvre, ou qui apprit au lapin à se creuser des terriers, étend sa providence sur les moindres créatures, proportionne leurs moyens de défense à leur faiblesse, et conserve ainsi sur la terre cette harmonie charmante qui surprend notre intelligence.

Ce n'est pas seulement sous la figure d'insectes parfaits que les Cassides furent ainsi favorisées ; dès leur enfance, sous la forme de larves aplaties et épineuses, elles savent se soustraire au bec avide de la gent qui peuple les airs. Elles emploient, pour y réussir, une ruse dont vous seriez loin de vous douter, un moyen vraiment diabolique. Jamais Rodilard, ce général des chats, ce chef de guerre expérimenté dont nous parle l'immortel bonhomme, ne montra tant de finesse pour surprendre ses ennemis, que nos petits animaux déploient d'adresse pour se défendre des leurs : vous allez en juger. L'extrémité de leur corps est terminée par une bifurcation, au milieu de laquelle s'arrêtent les matières fécales à leur sortie. Tant qu'aucun dan ger ne menace ces créatures, elles traînent ce paquet immonde, comme un forçat son boulet; mais au moindre péril, elles redressent, avec une prestesse admirable, cette fourchette sordide, et la présentent comme un bouclier impénétrable. Une espèce exotique [1] semble même mettre de la coquetterie dans la distribution de ces matières, qu'elle rend en petits filets articulés qui imitent une perruque.

Abritée de ce parasol dégoûtant, la larve de ces insectes se promène en sécurité sur les végétaux dont elle dévore le feuillage. En vain le Rouge-gorge, perché sur un buisson voisin, cherche-t-il quelque pâtée délicate pour ses petits qui viennent de naître, la tente malpropre qui protège notre nomade la dérobe à ses regards, ou repousse l'oiseau par les dehors d'un mets peu fait pour l'allécher. Grâces à cet heureux moyen, qui éloigne d'elle presque tout danger, elle donne à son appétit un libre cours; mais aussi elle croit en proportion de sa gloutonnerie. Plus d'une fois sa peau crève, dans son embonpoint rapide, et se trouve remplacée par une nouvelle enveloppe que la nature lui a préparée pour tenir lieu de celle qui était devenue trop étroite; on voit souvent attachée aux déjections excrémentielles qui l'ombragent, cette vieille dépouille dont elle s'est débarrassée. Au bout de quelque temps, cependant, sa voracité se trouve satisfaite. Elle quitte de nou-

---

[1] *Cassida ampulla.* Olivier.

veau sa robe ; mais ce n'est plus, comme précédemment, pour paraître sous le même domino ; ses habitudes ont changé avec son extérieur : elle est devenue nymphe.

Dans ce nouvel état, exposée sans défense sur le végétal qui lui a servi de nourriture, elle courrait souvent risque de ne pas arriver aux destins brillans qui lui sont réservés, si la Providence ne fût encore venue à son secours. Mais il semble qu'en lui donnant une forme aplatie, presque ovale, et en l'armant sur les côtés d'épines roides ou d'appendices dentelés, elle ait voulu lui prêter la configuration des semences d'eupatoire que la gent ailée repousse comme un poison.

Arrivée au dernier acte de la comédie qu'elle doit jouer dans ce monde, la Casside termine son rôle par les soins qu'elle donne à sa postérité. Elle vole dans ce but sur les plantes analogues à celles qui l'ont nourrie, dépose les uns auprès des autres ses œufs sur leurs feuilles et les recouvre de cette matière fétide à laquelle elle a dû son salut dans sa jeunesse.

Tels sont les détails que j'avais à vous fournir sur les Cassides ou insectes ornés d'un casque. Ce nom vous rappellera sans doute cette parure guerrière qui couvrait le front terrible de Mars ou qui ombrageait celui de Minerve ; il rajeunit pour moi une histoire dont votre modestie seule vous empêcherait de reconnaître l'héroïne.

Oui, là-dessus, j'ai souvenance
Qu'à peine sorti de ces lieux
Où l'on captive notre enfance,
L'esprit encor rempli de ces frivoles dieux
Qu'adorèrent Rome et la Grèce,
Je vis un jour, à mon œil enchanté,
Paraître une jeune beauté
Qui, par sa taille enchanteresse,
Son port d'une divinité,
Me parut être la déesse
Que Jupiter enfanta du cerveau;
Mais sitôt que sous son chapeau
J'aperçus cet air de noblesse,
Ces yeux pleins de douceur, d'esprit et de finesse,
Enflammé d'un transport nouveau
Et rempli d'une douce ivresse,
Sans doute, me dis-je tout bas :
Mieux que le casque de Pallas
Ce chapeau couvre la sagesse.

Les Chrysomèles *

*Antennes filiformes, n'étant pas entourées à leur base par les yeux ;
corselet de la largeur des étuis, ne cachant pas la tête ; élytres
ne débordant pas le corps.*

Caractères. Antennes filiformes ou plus grosses insensiblement
vers leur extrémité, insérées entre les yeux ou au-devant d'eux.
— Tête en partie enfoncée dans le corselet. — Corselet de la
largeur des élytres à sa base. — Corps ovale ou oblong, souvent
paré de couleurs métalliques ou brillantes. — Troisième article
des tarses bilobé.

Larves hexapodes, herbivores.

Les insectes parfaits se trouvent sur les plantes.

---

* Chrysomèle, *Chrysomela*, Linné. (χρυσος, d'or ; μηλα, pomme ; à cause
de la richesse de leur parure). Ces insectes forment les tribus des *Chrysomélines* et des *Galérucites*, de la famille des *Cycliques* de M. Latreille ; ils entrent
dans la première division des *Chrysomélines* de Lamarck, et dans la famille des
Herbivores ou *Phytophages* de M. Duméril.

Lettre Cinquante-quatrième.

LES CHRYSOMÈLES.

Vite, vite, que je vous raconte une histoire tragi-comique dans laquelle j'ai failli jouer un rôle peu glorieux et très-passif : il ne s'agissait rien moins que d'être fustigé, et fustigé par des dames !

Vous savez que dans nos montagnes un usage antique expose à être publiquement promené sur un coursier d'Arcadie, celui qui reçoit semblable correction de la part d'un sexe dont la faiblesse est le partage : auriez-vous donc eu assez de flegme pour vous empêcher de pouffer de rire,

> Si la scandaleuse chronique
> Vous avait par hasard appris
> Que le meilleur de vos amis,
> Enfourché sur une bourrique,
> Avait parcouru nos vallons,
> Hué des gens de la banlieue

> Et pour bride tenant la queue
> Du plus modeste des grisons.

Je m'étais, il est vrai, bien et dûment attiré châtiment semblable : vous allez en juger.

Depuis que l'Entomologie vous a attachée au culte de la Nature, toutes vos compagnes se sont, à votre exemple, éprises de belle passion pour cette aimable science et me harcèlent chaque jour pour les initier à ses secrets.

Hier au soir, je me promenais dans ce but avec Mlles S** et B** le long de ces prairies charmantes que le Rheins fertilise, lorsque le hasard m'offrit, sur les feuilles d'un peuplier, quelques larves perlées de forme assez gracieuse, mais dont l'odeur repoussante m'était bien connue.

> L'occasion.... et je pense
> Quelque diable aussi me poussant,
> LAFONTAINE.

le désir me prit tout-à-coup de faire une petite niche à mes nouvelles écolières. Je m'écriai donc avec une admiration simulée : Un trésor!.. un trésor!.. la Chrysomèle musquée!.. A ces mots, vous eussiez vu vos amies courir à perdre haleine et saisir d'une main empressée les créatures que je leur montrais ; mais elles n'eurent pas besoin de les approcher de bien près du siège de leur odorat pour être frappées du parfum pénétrant qu'elles exhalaient. Mlle B** recula de quatre pas en poussant une exclamation d'horreur et de dégoût, pendant que sa compagne rejetant cette larve par un mouvement spasmodique des doigts, fit une grimace qui eut passé pour un chef-d'œuvre de fantasmagorie.

Tandis qu'à cette vue, les poings appuyés sur les flancs et le corps incliné de vingt-cinq degrés, je perdais la voix et les forces dans un rire inextinguible, vos deux amies, rouges de dépit d'avoir été jouées de la sorte, méditaient déjà des projets de vengeance et s'armaient du fouet des Euménides pour les réaliser : je crus donc prudent d'éviter par la vivacité de ma course le sort qui m'était si justement réservé.

Vous devinez toutefois que notre guerre ne fut pas de longue durée : pour apaiser mes aimables élèves je leur représentai qu'il leur était indispensable de subir cette épreuve avant d'être admises au nombre des disciples de la Nature, et j'ajoutai qu'elles s'en étaient tirées avec tant de bonheur, que je pouvais leur dire comme à Argan :

> *Dignæ, dignæ estis intrare*
> *In nostro docto corpore.*
>
> MOLIÈRE.

Il fallut cependant, pour signer la paix, payer sur le champ les frais de la guerre, en leur donnant sur les Chrysomèles les détails que je vais vous répéter.

Herbivores dans toutes les phases de leur existence, ces insectes, malgré leur petitesse, font souvent par leur nombre et la faim dévorante dont ils sont animés, des dégâts considérables. Les uns, fléaux des potagers, s'établissent en colonies sur les plantes que nous y élevons, et les rongent de plein jour et sous les yeux même de nos jardiniers : nous avons beau employer nos soins à les chasser,

> Ils bravent toutes les ressources
> De notre talent destructeur,
> Et font la guerre aux choux avec autant d'ardeur
> Que des procureurs à nos bourses.

Comment attaquer, en effet, des insectes agiles comme la puce, et presque aussi petits qu'elle ? l'œil découvre à peine leur corps verdâtre sur le végétal qui les nourrit, et si la main cherche à les saisir, ils échappent facilement à notre adresse par un saut étonnant. De là leur est venu le nom de *puces des jardins*, sous lequel le vulgaire les connaît. Les autres plus malfaisantes encore, s'acharnent, dès leur enfance, contre les arbustes qui nous sont les plus utiles, tels que la vigne, et détruisent en rongeant les fleurs avant leur développement complet, l'espoir si doux des plaisirs qui naissent en automne avec les jours de la vendange. Les vignerons ne connaissent que trop, sous les noms de *Piquebrot, Lisette, Gribouri*, etc., l'espèce qui leur est si funeste.

Enfin les autres Chrysomèles qui ne nous nuisent pas d'une manière aussi immédiate, ne sont pas animées d'un génie moins destructeur. Elles se réunissent en société sur quelques arbres et y vivent, en les exploitant à qui mieux mieux, dans une intelligence parfaite; car les méchants sont toujours d'accord entre eux quand il s'agit de s'approprier le bien des autres. C'est ainsi que les aunes, les bouleaux, les peupliers sont quelquefois tellement dépouillés de leur feuillage, qu'on dirait que des légions de chenilles y sont restées tout l'été en quartier. Il est vrai que dès leur plus tendre enfance, que dès cet âge où la faiblesse et la timidité sont le partage des autres créatures, ces insectes satisfont leur appétit avec une tranquillité imperturbable; car si on cherche à saisir une de ces larves, si quelqu'oiseau le bec entr'ouvert s'approche pour la capturer, au lieu de songer à fuir, elle laisse transsuder de son corps une liqueur huileuse si fétide, qu'il faudrait un courage bien opiniâtre pour ne pas lâcher prise.

Il est inutile de vous dire, qu'à cette partie de mon récit, des éclairs qui sortaient des prunelles de vos amies, me présageaient une nouvelle tempête; j'ajoutai donc promptement pour conjurer l'orage: la Providence ne laisse pas toujours impunis les crimes de leur jeunesse et les dégâts qu'elles causent; elle appelle, pour nous venger, des vents violens, qui agitent les arbres du rivage et font tomber dans les eaux des milliers de ces insectes, que le peuple couvert d'écailles recherche comme une manne délicieuse que lui envoie la bonté céleste.

Ceux de ces petits animaux qui parviennent à la forme sous laquelle nous les admirons, habitent encore les lieux qu'ils fréquentaient auparavant ou se plaisent sur les plantes qui croissent dans nos guérets; plusieurs se tiennent accrochés aux hampes de nos blés ou brillent sur le disque d'or de la marguerite des prés, et justifient bien, par la magnificence et la somptuosité de leur parure, le nom de Chrysomèle ou *Pomme-d'or* que porte cette famille.

Adieu, Julie : cette dénomination vous rappellera peut-être la lutte fameuse qui réunit sur le mont Ida trois immortelles rivales ;

> Si par ce fruit, qu'aux noces de Pélée
> La Discorde jeta sur la table des dieux,
> Semblable querelle en ces lieux,
> Pouvait être renouvelée ;
> Et si nouveau Pâris, mon choix judicieux
> Devait couronner la plus belle,
> Et décerner le prix à celle
> Qui plairait le plus à mes yeux ;
> En déposant à vos pieds cet hommage,
> Ce tribut si bien mérité,
> Chacun applaudirait, je gage,
> A mon impartialité.

Les Phalacres*

Antennes terminées en massue, perfoliées.

Caractères. Antennes ordinairement de onze articles, terminées par une massue le plus souvent de trois articles. — Tête saillante. — Mandibules dentées à leur extrémité. — Corps oblong ou hémisphérique, quelquefois même presque globuleux. — Tarses rarement entiers, ordinairement garnis de brosses, et bifides à l'extrémité.

Les larves sont peu connues.

Les insectes parfaits se trouvent dans les champignons, sous les écorces et sur les fleurs.

---

* Phalacre, *Phalacrus;* Paykull. ($\varphi\alpha\lambda\alpha\varkappa\rho\grave{o}\varsigma$, chauve, à cause du poli de leur corps). Ils forment la famille des *Clavipalpes* de M. Latreille ; la division des *Érotylènes* de Lamarck , et se trouvent dispersés dans les familles des *Mycétobies* et *Phytophages* de M. Duméril.

Lettre Cinquante-cinquième.

LES PHALACRES.

> L'été, dans sa marche brûlante,
> S'enfuit sur son char radieux ;
> Moins pressée et moins diligente
> L'aurore, d'une main plus lente,
> Vient ouvrir les portes des cieux,
> Et le globe qui nous éclaire
> En suivant son cours enflammé,
> Rétrécit chaque jour l'espace circulaire
> De son chemin accoutumé.

Nos vergers ne résonnent plus de ces chants mélodieux que les oiseaux modulaient à l'envi dans la saison de leurs amours ; nos prés ont perdu les fleurs qui les émaillaient, et la faucille a dépouillé nos champs de ces moissons opulentes qui voilaient d'un manteau d'or le dos de nos montagnes.

Les batteurs s'occupent à dérouler les gerbes dans

l'aire voisine et hâtent quelquefois mon réveil par les coups cadencés de leurs fléaux retentissans.

La Nature aussitôt m'appelle à jouir du spectacle brillant qu'elle nous offre; alors, soit que pour respirer l'air embaumé du matin, je m'égare le long de ces bois où la bruyère entr'ouvre ses petites coupes d'améthyste, soit que je m'enfonce sous les sombres dômes de nos pins toujours verts, mille sujets intéressans viennent réveiller mon impatiente curiosité. Vous savez qu'il faut si peu de chose pour exciter l'attention d'un naturaliste! Nouveau Lapeyrouse, Bougainville ou Caillé, il n'a pas besoin de franchir les mers ni de traverser les déserts pour se trouver en pays de découvertes : l'intérieur d'un champignon lui révèle souvent des êtres inconnus, ou le dessous d'une écorce lui offre un monde habité par des peuplades dont on ne soupçonnait pas encore l'existence.

En visitant ces retraites secrètes où tant d'insectes nous cachent leurs industrieux travaux, vous rencontrerez probablement quelques espèces de la famille obscure des Phalacres. Les unes presque rondes comme un peloton, roulent dans la main dès qu'on trouble leur repos; les autres au corps moins globuleux, n'offrent qu'une forme hémisphérique ou même ovale ou oblongue. L'inspection de leurs mâchoires tranchantes suffit pour dénoter leurs habitudes; on juge qu'elles sont destinées à dévorer ces substances cryptogamiques qui nuisent aux arbres, ou à s'engraisser sous les écorces aux dépens des végétaux, qui, comme nos grands seigneurs, sont accablés de parasites.

Réduites à cet emploi modeste, la plupart, à l'exemple des Hamadryades, usent leur existence entière auprès du chêne qui les a vu naître; quelques-unes cependant, honteuses de la vie obscure qu'elles ont passée dans leur enfance, quittent nos forêts après avoir revêtu leur robe nuptiale, et viennent voltiger sur nos fleurs qui doivent être pour elles le temple de l'hyménée.

La plus grande partie des insectes de cette famille forme une coupe générique étrangère à l'Europe; ces espèces brillantes connues sous le nom d'Erotyles[1], semblent même se plaire exclusivement dans ces riches contrées, où le fleuve des Amazonnes se déroule comme une mer, en baignant sur ses bords des forêts majestueuses, aussi anciennes que le monde. Nous aurons, au reste, l'occasion de remarquer d'autres fois que divers genres ont été plus spécialement relégués dans certains climats ou renfermés entre certaines limites, et que les barrières naturelles tels que les mers, les chaines de montagnes, qui forment des remparts aux royaumes de la terre, servent aussi à enclore des espèces d'animaux dont les analogues ne se retrouvent guères au-delà de ces enceintes.

---

[1] Le nom d'Erotyle rapellera toujours celui de M. Duponchel, qui a donné une excellente monographie de ces insectes dans les Mémoires du muséum d'Hist. nat.; t. 12. p. 30, — 61 et 156, — 176.

Cette observation qui a fourni à M. Latreille[1] le sujet d'un mémoire fort intéressant sur la géographie des insectes, et qui nous a valu de M. de Mirbel[2] des notions curieuses sur la distribution des végétaux, pourrait s'étendre à toutes les branches du règne organique et servir même à classer géographiquement les diverses races d'hommes qui peuplent le globe. Ainsi les bords de la Gambie ou du Dhioliba, les pays habités par les Nalous, les Foulahs ou les Mandingues nous montreraient leurs jeunes beautés que distinguent des cheveux laineux et crépus, une peau d'ébène, des dents d'émail, un nez épâté, des lèvres boursouflées et un parfum pénétrant; l'Inde nous offrirait ses Bayadères au teint cuivreux, au visage plat, aux paupières obliquement fendues et au regard de feu, et la France, la plus favorisée entre les nations, ferait briller à nos yeux les plus belles femmes de l'univers. Adieu :

> Si, pleins d'une vaine fierté,
> Quelques fils d'Albion ou de la Germanie,
> Osaient, par hasard, mon amie,
> Contester cette vérité;
> Qu'on vous offre à leurs yeux, Julie;
> Nous les verrons de suite oubliant cet orgueil
> Abjurer à vos pieds leurs doutes ridicules :
> Il aura suffi d'un coup d'œil,
> Pour convertir ces incrédules.

---

[1] Mémoire sur la géographie des Arachnides et des Insectes. *Annales de Chimie et de Physique*, t. 3, p. 222.

[2] Recherches sur la distribution géographique des végétaux phanérogames dans l'ancien monde. *Mém. du Mus. d'Hist. nat.*, t. 14, p. 349.

DIVISION

DES

COLÉOPTÈRES TRIMÉRÉS[1].

Familles.

Élytres { Couvrant le ventre. {

Antennes plus longues que le corselet ;
corps ovale ou oblong. . . . . . . les ENDOMIQUES.

Antennes plus courtes que le corselet ;
corps hémisphérique . . . . les COCCINELLES.

Raccourcies. . . . . les PSÉLAPHES.

---

[1] Τρεις , trois ; μερος , division.

Les Endomiques [*]

*Élytres couvrant le ventre ; antennes plus longues que la tête ;
corps ovale ou oblong.*

Caractères. Antennes plus longues que la tête et le corselet,
terminées par deux ou trois articles globuleux ou en triangle
renversé. — Corselet carré ou en trapèze, plus étroit que l'abdomen. — Corps ovale ou oblong. — Étuis recouvrant le ventre
qu'ils embrassent en entier. — Pénultième article des tarses profondément bilobé, ou quelquefois entier.

Ces insectes vivent, dans tous leurs états, dans les champignons et sous les écorces de quelques arbres, principalement des
bouleaux.

---

* Endomique, *Endomychus* ; Paykull. (ἔνδον, dedans ; μύγης, champignon.) Ils forment la famille des *Fungicoles* (*Fungus*, champignon ; *colo*,
j'habite ;) de M. Latreille ; et remplissent une partie de la section des
Trimères de Lamarck et de la famille des *Tridactyles* (τρεις, trois ; δάκτυ-
λος, doigt ;) de M. Duméril.

Lettre Cinquante-sixième.

LES ENDOMIQUES.

J'arrive à l'instant même, haletant, rendu et le visage tout noirci de poudre et de fumée, à la suite d'un combat opiniâtre que j'ai été obligé de soutenir. Mais pourquoi jeter ainsi l'effroi dans votre ame? pourquoi vous faire trembler par avance d'entendre désigner au nombre des victimes des personnes qui vous sont chères? Car peut-être, hélas!

> Au récit d'un pareil fait d'armes,
> Tous vos sens déjà sont glacés,
> Et sur vos traits remplis de charmes
> Coulent quelques secrètes larmes
> Sur le destin des trépassés;
> Qu'un mot promptement vous rassure :
> Ni les vaincus, ni le vainqueur
> Ne peuvent encor, par bonheur,
> Se plaindre d'une égratignure.

J'achèverai de calmer entièrement vos inquiétudes,

si je vous apprends que vos jeunes amies étaient
les redoutables adversaires contre lesquels j'avais à
me défendre. Voici à quelle occasion s'est allumée
cette guerre.

Nous parcourions ensemble une de ces prairies
qui sont le rendez - vous de nos promenades fré-
quentes, lorsque le hasard nous a offert, sur la pe-
louse, une foule de ces champignons sans pédicule,
dont les flancs tendus comme ceux d'une outre,
cèdent au pied qui les foule en se déchirant avec
bruit. Mlle S**, qui n'avait point oublié l'aventure
des Chrysomèles et qui s'était bien promis de me
faire expier le plaisir que j'avais eu, se concerte
aussitôt avec ses compagnes pour réaliser ses projets de vengeance. A l'instant, je me vois entouré,
assailli, et comme le bon Silène, barbouillé, non
de lie, mais de la poudre noirâtre que vomissait le
sein des Cryptogames qui fumaient sur ma peau.
Vous devinez qu'il a fallu peu de temps pour me
faire ressembler à un habitant de l'Éthiopie; si vous
aviez vu mon visage rembruni par ce fard d'une
nouvelle invention,

> Vous auriez cru, sans doute, avoir devant les yeux
>   L'un des compagnons odieux
>   Du noir époux de Dionée,
>   Ou l'un des grotesques minois
>   Qu'on voit couronnant quelquefois
>   Le tuyau d'une cheminée.

Vous ne pourriez vous faire une idée des acclamations bruyantes, des éclats de rire assourdissans par lesquels ces Dames ont célébré leur triomphe : le vallon en a retenti, et les rochers du rivage en ont porté au loin les sons affaiblis, qui, d'échos en échos, ont été se confondre avec le murmure harmonieux des flots du Rheins.

Tandis que j'étais ainsi le sujet ridicule de la gaîté qui régnait autour de moi, le hasard me fait découvrir un insecte à robe noire, accroché à un lycoperdon ou vesse-de-loup, qu'une de vos amies tenait encore entre ses mains. M'emparer de ce petit animal d'une main alerte, et le montrer comme une conquête brillante, c'était saisir l'occasion de quitter mon rôle et de devenir rieur à mon tour; en effet, ô prodige de l'amour de la science ! un changement complet se manifeste aussitôt en ma faveur dans l'esprit de mes rebelles écolières. Votre serviteur, qu'un instant auparavant elles accablaient de leurs risées, devient sur-le-champ l'objet de leurs félicitations empressées !... Vaines cajoleries ! flatteries inutiles ! je m'arrache à leur curiosité que j'avais excitée ; j'emporte, nouveau Jason, le trésor confié à leur garde, et j'arrive ici tout courant, pour ne raconter qu'à vous seule l'histoire des Endomiques, dont vos jeunes amies brûlaient de connaître les détails.

Ces coléoptères, dont le nom indique les habitudes, furent en partie destinés à se loger dans les champignons, et à dévorer leur substance légère, afin de hâter la disparition de ces végétaux fugaces, qui couvrent quelquefois le sol de leurs productions éphémères; plusieurs cependant se retirent sous les écorces des arbres, principalement des bouleaux, les attaquent dans leurs parties déjà cariées, leur font subir des outrages que le temps doit aggraver, et remplissent ainsi la mission obscure dont ils furent chargés sur la terre.

Adieu, Julie : je suis forcé de m'arrêter. Un bruit confus qui vient frapper mes oreilles, m'annonce le retour de vos compagnes, acharnées à me faire la guerre.

> A l'instant même où je finis
> Cette histoire trop raccourcie,
> Leur troupe bruyante grossie
> Par quelques-uns de nos amis,
> Entre à grands flots dans mon logis,
> Suit la route un peu rétrécie
> De l'endroit secret où je suis,
> Et demande à voir, à grands cris,
> Ma figure si bien noircie.
> Que faire contre un tel essaim,
> Contre une pareille cohorte?
> Le plus sûr est d'ouvrir ma porte,
> De recevoir d'un front serein
> Leurs quolibets de toute sorte,
> Et de rire moi-même enfin
> De ma triste métamorphose.
> Je puis braver leurs traits moqueurs,
> En songeant que les clabaudeurs
> Dont cette troupe se compose,
> De mon destin seraient jaloux,
> S'ils obtenaient à prix semblable
> Le bonheur inappréciable
> Que j'ai de causer avec vous.

Les Coccinelles *.

Élytres couvrant le ventre ; antennes plus courtes que le corselet ; corps hémisphérique.

Caractères. Antennes de onze articles, dont les trois derniers sont en masse et le dernier tronqué. — Corselet échancré pour recevoir la tête, et bordé sur les côtés. — Élytres légèrement bordées. — Corps hémisphérique. — Pénultième article des tarses profondément divisé en deux labes.

Larves à six pieds, composées de douze anneaux qui vont en diminuant vers le derrière, tantôt lisses, tantôt hérissés d'épines. Elles font la guerre aux Pucerons, dont elles consomment un grand nombre.

Les insectes parfaits volent légèrement et se trouvent partout.

---

* Coccinelle, *Coccinella ;* Linné. (*coccum*, graine ; à cause de leur forme.) Ces insectes composent la famille des *Aphidiphages* (*Aphis - dis,* Puceron ; φάγω, je mange ;) de M. Latreille : ils entrent dans la famille des *Tridactyles* de M. Duméril, et dans la section des *Trimères* de Lamarck.

Lettre Cinquante-septième.

LES COCCINELLES.

Quels jolis petits insectes que ceux auxquels les savans ont donné le nom de Coccinelles! Le rouge, le jaune ou le noir sont les couleurs modestes qui composent toute leur parure; mais que ces teintes, variées avec goût, forment des nuances charmantes sur leur robe presque toujours lisse! Ici, quelques points d'encre symétriquement rangés, rehaussent le fauve ou le citron du fond de leur enveloppe; là, des taches semblables à des notes de plain-chant, imitent par leurs diverses positions, la bigarrure d'un papier de musique, les compartimens d'un damier, ou la variété d'une mosaïque ou d'une mar-quetterie; chez d'autres enfin, des gouttes d'orpin ou couleur de feu, parsemées sur leur carapace d'ébène, semblent rappeler les broderies d'or et de pourpre qui ornent le manteau de Proserpine.

N'est-ce pas assez les dépeindre pour vous faire reconnaître dans les Coccinelles ces petits insectes hémisphériques, connus du vulgaire sous les noms de *vaches à Dieu, bêtes de la Vierge*, etc. etc.? Leurs formes agréables, leur douceur apparente, qui intéresse en leur faveur les enfans même sous la main desquels ils tombent, leur ont sans doute mérité ces dénominations : cependant ils n'ont pas toute leur vie les habitudes paisibles qu'on admire en eux sous leur dernière forme.

Loin de se contenter, dans leur jeunesse, de la nourriture frugale des plantes et des végétaux, qui, à l'exemple des anachorètes de la Thébaïde, composent seuls leurs repas, sur la fin de leurs jours, leurs larves au corps noirâtre, bariolé de jaune, regarderaient au contraire comme indignes d'elles de faire une chère si maigre. Si on les trouve parcourant les feuilles, c'est donc moins pour dévorer leur substance, que pour y chercher les Pucerons dont elles sont fort avides. Elles les saisissent avec leurs pattes, en font un carnage affreux, et nous vengent ainsi des ravages incalculables que font à nos arbres ces insatiables suceurs. Leur férocité ne se borne pas à cette proie incapable de défense; à son défaut elles attaquent leur propre espèce, et, semblables aux Caraïbes, se repaissent avec délices de la chair de leurs ennemis vaincus.

Bientôt cependant elles semblent rougir de leurs crimes; elles renoncent à ces habitudes vagabondes et cruelles, choisissent une feuille sur laquelle elles puissent vivre dans le recueillement, et s'y fixent à l'aide d'une liqueur gluante qui les colle par l'extrémité du corps. Elles quittent, peu de temps après, l'habit de leur jeunesse, en le faisant glisser le long de leur corps, où il se ramasse en un peloton; alors, en signe d'une conversion sincère, elles se couvrent du cilice de la pénitence ou d'un voile mystérieux qui les rend méconnaissables, et dans cet état, elles ne font d'autre mouvement que celui de se hausser ou de se baisser alternativement lorsqu'on vient par mégarde à les heurter.

Après un jeûne de dix à quinze jours, elles paraissent entièrement changées et disposées à mener une vie moins odieuse. Pleines de ces résolutions, elles déchirent le linceul qui les enveloppait pendant les momens passés dans un état de mort simulé, font sécher au soleil leur robe humide encore, et s'élèvent dans les airs guidées par le désir de plaire et d'aimer.

Parées alors de tout l'éclat de la jeunesse et de la beauté, les Coccinelles charment les regards des personnes les plus indifférentes aux merveilles de la Nature, et sont recherchées des enfans, qui, sans songer à leur nuire, les rendent les instrumens de leurs jeux ou les sujets de leurs distractions au sein même de leurs études. Quand quelques écoliers réu-

nis sous un régent sévère ne peuvent apprendre à
leurs amis placés loin d'eux les pensées qui agitent
leur ame, un de ces insectes se charge de la mission;
posé sur le doigt de celui qui réclame son secours,
il déploie ses petites ailes et comme les colombes de
l'Orient, va faire connaitre au condisciple éloigné,
les secrets qui lui ont été confiés.

Vous avez dû juger de la complaisance de ces
gentils animaux, si un individu de ce genre que je
vous ai adressé l'autre jour, n'a point éprouvé dans
sa route de fàcheuses aventures. Va, lui ai-je dit,

> Pars, messager officieux,
> Seconde mon ardeur extrème;
> Dirige ton vol vers les lieux
> Qui captivent celle que j'aime.
> Dans ce séjour mystérieux
> Si tu peux arriver près d'elle,
> Dis-lui tout ce qu'un tendre zèle
> Peut rêver de plus gracieux.
> A ton message, si Julie
> Répond un petit mot flatteur,
> Reviens, aimable voyageur,
> Reviens, à mon ame ravie,
> Répéter ce mot enchanteur :
> Un doux propos de mon amie,
> Suffit pour faire mon bonheur.

Les Psélaphes[*]

Élytres raccourcies.

Caractères. Antennes en massues ou plus grosses à l'extrémité, ordinairement de onze articles ; mais quelquefois n'en offrant que six. — Mandibules et lèvre inférieure manquant chez quelques-uns. — Élytres réduites à des moignons arrondis postérieurement. — Articles des tarses entiers; le premier très peu apparent. — Corps subcylindrique.

Les larves sont peu connues.

Les insectes parfaits habitent parmi les débris des végétaux ; quelques-uns vivent dans certaines fourmilières.

---

[*] Psélaphe, *Pselaphus* ; Herbst. (ψηλαφάω, je tâtonne, parce qu'ils vont marchant dans des lieux où ils ont besoin de sonder le terrein.) Ils forment la famille des *Phsélaphiens* de M. Latreille; composent une partie de la famille des *Tridactyles* de M. Duméril, et la première section des *Coléoptères* de Lamarck.

Lettre Cinquante-huitième.

LES PSÉLAPHES.

Qu'allez-vous dire, Julie, en recevant les insectes Liliputiens qui accompagnent cette missive ? Peut-être rebutée par l'exiguité de leurs proportions, jetterez-vous sur ces imperceptibles un de ces regards de dédain qu'un opulent orgueilleux laisse tomber sur un misérable; cependant

> Qu'importe la taille au mérite ?
> L'esprit ne loge-t-il que dans un vaste corps ?
> Esope que souvent on cite
> Pour sa tournure hétéroclite,
> Des plus rares talens possédait les trésors.

A l'exemple du Phrygien, les Psélaphes qui vont nous occuper, ne semblent qu'une ébauche de la nature; mais leurs mœurs n'en sont pas moins dignes d'être connues.

La plupart, amis de la solitude, se plaisent dans les lieux frais et humides, se cachent sous les pierres, se logent au sein des mousses, et trouvent dans les débris des végétaux une nourriture appropriée à leurs goûts. Si quelquefois le désir de voir le monde les pousse hors de leur retraite, ils attendent prudemment l'approche des ombres, afin d'échapper plus facilement, à la faveur de l'obscurité, aux tigres de petite race qui veillent pour les détruire.

D'autres espèces que leurs antennes, en forme de massue, ont fait gratifier de la dénomination générique de *Clavigère*, semblent rechercher la société de quelques peuplades hétérogènes et habiter exclusivement ces villages souterrains, ces passages sombres, où les Fourmis jaunes usent leur vie active et déploient leurs travaux merveilleux. « Lorsqu'on [1] a soulevé la « pierre qui recouvre la fourmilière, les Fourmis au « milieu de l'agitation générale, veillent néanmoins « sur les insectes qui logent auprès d'elles : ceux-ci « prennent souvent d'eux-mêmes le chemin des ga- « leries, mais s'ils ont l'air de s'enfuir, les Fourmis « les entourent, les poussent jusqu'à l'entrée de ces « corridors et les forcent d'y entrer; quelquefois l'une « d'elles saisit un de ces petits animaux au travers du « corps avec ses mandibules et va le déposer dans les « conduits souterrains. »

---

[1] Extrait d'une lettre adressée à M. le Comte Dejean par M. Wesmaël de Liège, inséré dans *l'Encyclopédie méthodique*, t. x, p. 223.

Au récit d'une générosité si extraordinaire, il me semble voir errer sur vos lèvres un sourire d'incrédulité et vous entendre vous écrier :

> Dans le siècle ingrat où nous sommes,
> Si ces chétifs individus
> Possédaient de telles vertus,
> Ils pourraient faire honte aux hommes.

Pour l'honneur de l'espèce humaine, je me hâte de vous dire que l'intérêt, notre unique mobile, semble être aussi celui qui fait agir les Fourmis.

« On aperçoit à l'extrémité des étuis des Clavi- « gères, des poils longs, surtout au côté extérieur, « où ils paraissent ordinairement agglutinés par l'ef- « fet de quelque liqueur. Ne serait-il pas possible « qu'il y eût de chaque côté du corps, à cet endroit, « une ouverture d'un ou de plusieurs conduits qui « secrétassent un liquide mielleux ? » Car nous verrons dans la suite d'autres Fourmis rechercher les Pucerons, les parquer dans leur voisinage, pour aller recueillir avec soin les gouttelettes sucrées qu'ils ont la propriété de rendre avec assez d'abondance.

Après vous avoir dévoilé les mœurs des Psélaphes, permettez-moi de rappeler vos regards sur l'organisation extérieure de ces insectes, qui terminent la série des coléoptères. La bouche de quelques-uns dépourvue de mandibules et de lèvre inférieure, leurs antennes réduites à six articles, sembleraient nous montrer dans ces avortons le fruit des derniers efforts de la Nature, si nous ne les considérions comme servant de transition à la première famille de l'Ordre suivant, avec laquelle leurs étuis à moignons leur donnent quelque analogie.

C'est ainsi que tout se lie et s'enchaîne dans l'univers. Élevons-nous de la moisissure que l'œil découvre à peine sur la tige des graminées, jusqu'au baobab dont les vastes rameaux couvrent des champs entiers; de l'anguille invisible qui se meut dans le vinaigre, jusqu'à l'éléphant monstrueux dont la masse nous étonne; parcourons la distance qui existe entre le lichen aride qu'un souffle humide fait végéter sur le granit, et la sensitive délicate qui replie ses feuilles sous la main qui la touche; entre l'huître stupide qui vit et meurt sur le même rocher, et le castor ingénieux dont nous admirons l'industrie; nous trouverons des individus intermédiaires qui unissent ces espèces extrêmes par des nuances insensibles.

Si des plantes ou des animaux, nous remontions jusqu'à l'homme, nous observerions encore des différences marquées par divers degrés d'intelligence: mais ce sujet me conduirait à vous entretenir de l'inégalité des avantages dont chacun fut doué, et par suite à vous dire des vérités que votre modestie repousse toujours avec une merveilleuse adresse. Adieu :

> Vous qui reçûtes en partage,
> Avec l'esprit et la beauté,

Avec tant d'amabilité,
Mille talens pour apanage;
Si les dons rares et brillans
Dont vous vous trouvez enrichie,
Font naître un grain de jalousie,
Chez quelque belle de seize ans;
Si plus d'une en secret murmure,
Dans son dépit un peu jaloux,
Convenez que dame Nature
Fut trop libérale envers vous.

LES ORTHOPTÈRES.

LES ORTHOPTÈRES*.

*Quatre ailes : les supérieures coriaces , les inférieures membra-
neuses , pliées en long ; bouche à mâchoires.*

Ils ont deux antennes ordinairement cylindriques ou sétacées
et composées quelquefois d'un très - grand nombre d'articles.
Plusieurs, outre les yeux à facettes, possèdent deux ou trois
petits yeux lisses. On remarque à leur bouche un labre , deux
mandibules , deux mâchoires ornées de deux palpes de cinq articles et recouvertes d'une galète, une lèvre portant deux palpes
de trois articulations, et enfin une languette bifide ou divisée en
quatre lanières.

Le corps revêtu d'une enveloppe moins solide que dans les
Coléoptères, est couvert par des étuis mous qui ne se joignent pas
ordinairement en ligne droite à la suture. L'écusson manque.

L'extrémité du ventre offre divers appendices, tels que des
pinces, des filets, ou porte une tarière à deux lames recouvertes
d'une enveloppe.

Les petits animaux de cet Ordre subissent une métamorphose
incomplète. La larve ressemble à l'insecte parfait, aux étuis et
aux ailes près, qui se montrent comme des moignons dans la
nymphe, et se développent dans le dernier état.

Les Orthoptères sont les plus fortement organisés pour le vol.
Plusieurs sont musiciens ; quelques-uns sont carnivores ou omnivores : le plus grand nombre est phytophage.

---

* (Ορθος , droite; πτερὸν, aile.) Ils forment une partie des *Hémiptères*
de Linné; ils composent la troisième section des *Coléoptères* de Geoffroy ; les
Dermaptères de De Géer ; les *Ulonates* de Fabricius , et enfin les *Orthoptères*
des modernes, Olivier, Lamarck , MM. Cuvier, Latreille , Duméril, etc.

DIVISION

DES

ORTHOPTÈRES.

Tribus.

Pieds postérieurs

Uniquement propres à la course; étuis couchés horizontalement sur le corps; femelles dépourvues de tarières cornées. Mâles muets. . les COUREURS.

Remarquables par la longueur de leurs cuisses et les épines dont les jambes sont hérissées. Femelles souvent pourvues de tarières. Les mâles font entendre un son bruyant. . . . . . . les SAUTEURS.

ORTHOPTÈRES

COUREURS. [1]

Familles.

Tarses composés de

cinq articles

Trois articles. Étuis à suture droite, très-courts, cachant les ailes. Extrémité du ventre armée de pinces. . . . . les FORFICULES.

Corps ovale et aplati. Tête cachée sous le bouclier du corselet. . . . . les BLATTES.

Corps étroit, alongé et presque cylindrique. Tête découverte. . . . . les MANTES.

Ces insectes sont généralement voraces. Quelques-uns rongent les fruits et les plantes; d'autres sont carnassiers; plusieurs semblent omnivores.

---

[1] Cet Ordre a été enrichi par les travaux de MM. Charpentier, Leach, Lichtenstein, Palisot, Stoll, etc.; et pour la partie anatomique par les recherches de MM. Dufour, Marcel de Serres, et Ramdhor.

Les Forficules [*].

Tarses composés de trois articles ; étuis à suture droite, très-courts, cachant les ailes ; extrémité du ventre armée de pinces.

Caractères. Antennes filiformes de douze à trente articles. — Tête unie au corselet par un cou très-court. — Corselet formé en plaque, ou bordé. — Étuis ne couvrant pas la moitié du ventre et servant à cacher les ailes. — Corps allongé et terminé par deux pinces, munies en dedans de très-petites dentelures.

Ces insectes habitent les lieux humides et vivent de fruits et de végétaux.

---

[*] Forficule, *Forficula ;* Linné. *(Forficula,* petite pince.) Ils forment la famille des *Forficulaires* de M. Latreille ; celle des *Forficules* ou *Labidoures,* (λαϐὶς , tenaille ; οὖρα , queue ;) de M. Duméril , et entrent dans la section des *Orthoptères coureurs* de Lamarck.

Lettre Cinquante-neuvième.

LES FORFICULES.

Ah ! Julie, où m'a entrainé le désir si attrayant de pouvoir vous écrire ! Quoi, encore sept Classes d'insectes à vous faire connaitre ! Sans doute si je n'eusse consulté que mes forces, j'aurais été loin d'entreprendre une œuvre de si longue haleine.

> Mais j'osais me flatter de l'espoir le plus doux,
> Que triomphant de ma verve indocile,
> Le plaisir me rendrait pour vous
> Le travail plus facile.

La faveur qui m'attendait était si capable de me dédommager de tous les sacrifices, que nul autre sans doute n'aurait résisté à la tentation ;

> Car pour me procurer semblable jouissance
> Quels que soient mes efforts secrets,
> La peine ne saurait jamais
> Faire trébucher la balance.

Ainsi, je ne puis, je le sens, abandonner une entreprise commencée sous de si heureux auspices, et laisser reposer une plume dont votre bienveillance a, jusqu'à ce jour, daigné flatter le travail.

Je vais donc, encouragé par votre bonté, parcourir encore les champs exploités par les naturalistes, et vous tracer les mœurs de ces insectes dont l'extrémité du ventre est armée de pinces ou de tenailles, et que pour cette raison on a appelés Forficules. Ils vous sont probablement plus connus sous le nom de Perce-oreilles, dont le hasard leur a mérité la dénomination ; voici ce qu'on raconte à ce sujet dans notre pays.

Vers le Xe siècle, sur les bords de Trambouze [1], brillait une jeune bergère. Mélide était son nom ; seize printemps formaient son âge. On la vantait comme la plus vertueuse des filles du canton ; on la citait comme la plus belle. De tous les bergers qui avaient brigué sa main, Lydor était le plus heureux ; il en avait la promesse.

La veille de leur union, la pastourelle, selon son habitude, avait conduit ses troupeaux dans la prairie : toute occupée de son destin futur, elle s'était assise au pied d'un aune et s'était endormie. Le bonheur, sans doute, animait alors tous ses songes et la berçait de ses douces illusions ; mais

---

[1] Le ruisseau de Trambouze se jette dans le Rheins au-dessus de Régny, après un cours de peu d'étendue.

tout-à-coup une douleur subite la réveille en lui arrachant des cris affreux.

A sa voie plaintive chacun accourt, et Lydor, qui le premier se trouve à ses pieds, lui prodigue tous les soins que la tendresse lui inspire. Vaine sollicitude ! Secours inutiles ! un mal inconnu semble de plus en plus lui déchirer le tympan de l'oreille.

Dans la forêt voisine, habitait un homme ami des déserts ; une cabane formée de feuillage lui servait d'asile ; un lit de mousse composait sa couche. Une longue expérience lui avait appris la propriété des différentes simples et l'avait instruit d'ans l'art de soulager l'humanité souffrante. On transporte, auprès de ce sage, Mélide presque évanouie.

Ce vieillard ressemblait aux antiques Druydes.
Son front était tracé par de profondes rides,
Et ses cheveux blanchis sous les glaces des ans,
Par leur chûte attestaient le passage du temps.
Son dos était courbé sous le fardeau de l'âge ;
La mort, en sa pâleur, errait sur son visage ;
Mais ses yeux encor vifs, dans leur orbite creux,
Des jours de son printemps rappelaient tous les feux.
Sa grave austérité, sur sa figure empreinte,
Faisait naître pour lui le respect et la crainte ;
Sa barbe, en flots d'argent, descendait sur son sein ;
Un bâton soutenait sa défaillante main,
Et d'un cordon noueux la modeste ceinture
Fixait les plis divers de sa robe de bure.

Dès qu'il eut examiné la pauvrette, il emplit d'un lait pur un vase d'argile et l'expose sur des tisons, dont son souffle haletant ranime la vigueur ; puis s'adressant aux bergers : invoquons, leur dit-il, de prime abord, celui qui dispose à son gré de la santé des hommes. A ces mots, le vieillard s'agenouille, trace sur son front humilié le signe sacré de la rédemption, et murmure pendant quelques instans des paroles mystérieuses. Cependant le liquide lacté, tourmenté par la chaleur, s'élevait en écumant dans le vase qui l'emprisonnait ; le solitaire en dirige, à l'aide d'un cornet, la vapeur humide vers l'oreille de la malade, et tout-à-coup... ô prodige ! on voit tomber un Forficule qui dressait encore, d'un air menaçant, les pinces dont son ventre était armé. Un soupir de soulagement s'échappe aussitôt des lèvres de Mélide, et la grotte retentit de ces mots consolans : « Elle est sauvée ! »

Tant que vécut ce pieux solitaire[1], Lydor et sa compagne vinrent chaque année, à pareil jour, rendre grâces au Ciel de ce bienfait, et offrir au bon viellard un modeste tribut de leur reconnaissance ; mais long-temps encore après cet événement, lorsqu'une bergère allait aux champs, chacun lui répétait : jeune fille, si la chaleur est assoupissante, si le gazon vous invite au repos, ne cédez pas à ce doux penchant, ou prenez garde au Perce-oreille.

---

[1] La tradition rapporte qu'avant sa mort une chapelle rustique fut élevée auprès de sa retraite. Les Sires de Beaujeu qui, depuis le Xe siècle, gouvernèrent pendant long-temps la province, choisirent souvent ce lieu pour le rendez-vous de leur chasse et le but de leur *course* ; de là, dit-on, vient le nom de Couas que porte le joli bourg bâti sur les ruines du monument primitif.

Ce fait, dailleurs, n'est pas le seul exemple qu'on puisse citer.

Le général V** se rendant en France après la bataille d'Austerlitz, sentit tout-à-coup, en reposant dans sa voiture, des douleurs d'oreille intolérables; un chirurgien Bavarois appelé d'abord, crut reconnaître un corps étranger dans le conduit auditif; mais les tentatives qu'il fit pour l'extraire, ne firent qu'augmenter la souffrance. Un second homme de l'art, mieux inspiré, fit couler de l'huile dans l'oreille, et en fit sortir un Forficule. La voiture qui était restée long-temps sans être aérée, renfermait un grand nombre de ces animaux derrière les coussins. [1]

C'est en effet, dans les lieux frais et humides, dans les fentes des vieux murs, sous les écorces, ou sous les pierres, que se cachent ordinairement ces insectes; ils y vivent souvent en société, et s'y livrent parfois, pour s'entre-dévorer, des guerres cruelles qui auraient bientôt diminué le nombre de ces êtres peu intéressans, si la femelle n'eût été animée, pour la conservation de sa race, d'une sollicitude toute particulière. On la voit cachant ses œufs comme une poule attachée à sa couvée, ou rassemblant entre ses pattes ses petits jeunes encore, et s'exposant, pour les protéger, aux dangers qui les menacent. Une attention semblable n'a pas lieu de surprendre;

---

[1] *Gazette de santé*, 50ᵉ année, n° XXX.

Le plus féroce caractère,
Celui du tigre, du vautour,
Ne saurait éteindre l'amour
Qui brûle le cœur d'une mère.

Il faut avouer, toutefois, qu'ils ne s'attaquent entre eux qu'à défaut d'autre nourriture; c'est plutôt à nos dépens qu'ils aiment malheureusement à s'engraisser. Ils s'établissent dans nos jardins, font quelquefois des dégâts affreux parmi nos fruits, dont ils se repaissent avec délices, et d'un air rebarbatif osent se défendre avec leurs pinces, lorsqu'on cherche à les punir de leurs déprédations; mais l'arme dont ils tentent de nous effrayer, est peu redoutable et ne saurait faire du mal.

Adieu : si la douce occupation de causer avec vous comme ami, ne me faisait oublier les obligations du naturaliste, il y aurait lieu d'être épouvanté de la tâche que je me suis imposée, et que ma faiblesse murmure de me voir obstiné à remplir;

Mais vainement elle s'offense
De me voir dans cet embarras;
Certain plaisir me dit tout bas :
Poursuis avec persévérance;
Je t'obtiendrai pour récompense
Le plus gracieux des souris,
Si tu me crois, si tu bannis
Les vœux de ta raison timide,
Ce plaisir est un trop bon guide,
Pour ne pas suivre son avis!

Les Blattes.[*]

Tarses composés de cinq articles ; corps aplati et ovale ; tête cachée sous le bouclier du corselet.

Caractères. Antennes sétacées, formées quelquefois de près de cent articles. — Tête inclinée et presque entièrement cachée sous les bords du corselet. — Corselet plus large que long, imitant la figure d'un bouclier. — Corps ovale ou oblong. — Ventre terminé par deux appendices mobiles et articulés.

Ces insectes sont généralement lucifuges. Les uns habitent les bois ; les autres vivent dans l'intérieur de nos maisons où ils commettent souvent d'affreux dégâts.

---

[1] Blatte, *Blatta* ; Linné. (**Blatt,** feuille ; à cause de leur forme aplatie ; ou Βλάπτω, je cause du dommage.) Ils forment la famille des *Blattaires* de M. Latreille ; celle des *Blattes* ou *Omalopodes* (ὁμαλός, aplati ; πούς, pied ;) de M. Duméril, et ils entrent dans la section des *Coureurs* de Lamarck.

Lettre Soixantième.

LES BLATTES.

> Fuyez, trop volages plaisirs,
> Fuyez, ma paisible retraite
> Où, d'une espérance secrète,
> Vous berciez mes plus doux désirs;
> De votre prestige agréable
> Mon triste cœur n'est plus flatté !....
> Hélas ! pourrais-je encor songer à la gaîté,
> Après la disgrâce effroyable
> Que vient d'éprouver.... ce pâté !

Vous savez, Julie, que notre petite société est dans l'usage de se réunir alternativement chez chacun des membres qui la composent, pour célébrer, sous les auspices de Momus, les plaisirs de la table et ceux de l'amitié. Mon tour était arrivé, et Lisette, avertie de recevoir ces aimables convives avec tous les honneurs accoutumés, avait employé tous les secrets

de son art à fabriquer le plus beau pâté qui se fût
jamais vu... Tant d'efforts devaient-ils être si mal
récompensés !...

Et moi, qui souriais à ce chef-d'œuvre nouveau,
sur lequel je fondais une partie des honneurs de mon
dîner ; moi, qui me plaisais d'un regard caressant à
contempler sa tournure engageante, devais-je être,
à mon tour, si cruellement détrompé ?...

Il faut vous l'avouer, cependant, un noir pres-
sentiment semblait m'avertir que ma joie devait être
éphémère ; vous le dirai-je ? le songe le plus effrayant était venu me présager le malheur qui devait
m'arriver.

De ce dîner fatal c'était l'heure fixée;
Déjà chaque convive, au lieu du rendez-vous,
Arrivait, animé des désirs les plus doux;
Déjà, devant nos yeux, la table était dressée,
Quand Lisette, à servir, gauchement trop pressée,
D'une main maladroite, à nos regards surpris,
Laisse choir ce pâté qui s'écroule en débris !

Mes amis aussitôt que la frayeur transporte,
Aussi prompts que l'éclair s'élancent vers la porte;
J'ai beau les rappeler, mes cris sont impuissans.
Ni d'un dinde truffé les flancs appétissans,
Ni tous les mets divers que mon regard dévore,
Ni le nectar divin que septembre colore,
Ne peuvent en leur cœur ramener la raison !...
Chacun d'un pas pressé retourne en sa maison!
Chacun rentre chez soi l'estomac vide encore !...

Messagère du jour, à grand peine l'aurore
Avait blanchi nos monts de sa douce clarté,

Que par ce songe affreux quatre fois agité,
Je me lève, je cours; ô peine superflue !
Quel spectacle affligeant vient s'offrir à ma vue !...
Au lieu de cet énorme et superbe pâté
Qui la veille flattait mon regard enchanté,
Ce pâté, de Lisette et l'ouvrage et la gloire,
Je n'aperçois, hélas! (Dieu ! l'eussé-je pu croire !)
Que des débris épars, dont de vils animaux
Se disputaient encor les malheureux lambeaux !

La voilà donc, me suis-je écrié, la voilà donc réalisée cette mésavanture effroyable! Voilà donc cette croûte feuilletée qui ne devait s'entr'ouvrir qu'au murmure flatteur du pétillant Charnay ! [1]... Ah! sans doute, si comme Mélibée, mon esprit n'avait pas été aveuglé, j'aurais pu... je n'ai pas eu la force d'achever; mais d'un pied inaccessible à la pitié, j'ai anéanti, dans ma fureur, tous les gourmands qui s'en étaient réservé les prémices : tel, mais moins terrible, le héros de la Manche écrasait les marionettes du malheureux Pierre.

Ce ne sont ni des chats, ni des souris qui étaient l'objet de ma vengeance ; peut-être même ignorez-vous le nom de Blatte que portent ces ennemis dangereux. Je vous en envoie donc un échantillon pour que vous ne puissiez vous méprendre sur leur figure ; et si jamais le hasard offre à vos yeux quelques-uns de leurs analogues, faites-vous violence,

---

[1] Les côteaux de Pouilly, Fuissé, Prissé, Charnay, dans le Mâconnais, sont justement célèbres par la bonne qualité des vins qu'ils produisent.

mon amie, et détruisez sans miséricorde ces êtres redoutables.

Encore, si ces animaux nuisibles nous faisaient une guerre franche, s'ils nous attaquaient de plein jour, peut-être parviendrait-on à les détruire ; mais ce n'est que dans l'horreur des ténèbres qu'ils se livrent à leurs excursions voraces : dès que la lumière reparaît, ils fuient à son aspect dans les trous de nos murailles, ou dans les fentes de nos planchers.

Tous les insectes de cette famille ont une avidité désastreuse, peu délicate dans ses goûts ; ils s'attaquent non-seulement au pain et à la farine, mais à son défaut, ils s'accommodent très-bien de nos habits et même de nos souliers. Une espèce habite les cases des Lapons, et y dévore le poisson sec qui fait presque leur unique nourriture ; une autre, connue en Amérique sous les noms de Ravet, ou Kakerlack, commet, chez les infortunés colons, des dégâts épouvantables, et pénètre quelquefois jusque dans les vaisseaux, où, lorsqu'elle est multipliée, elle peut occasioner les plus grands malheurs, en détruisant les provisions destinées à nourrir l'équipage. [1]

On a cherché plusieurs moyens d'anéantir cette odieuse race. Scopoli prétendait que la vapeur du charbon de pierre faisait périr ces animaux ; l'expérience n'a pas confirmé l'efficacité de cette recette.

---

[1] *Voyages de Lapeyrouse autour du monde;* 1er vol., p. 179.

L'expédient le plus sûr pour s'en débarrasser est peut-être de faire brûler de *l'assa fœtida* sur des charbons ardens, ou même s'ils sont peu nombreux dans l'appartement, d'y enfermer pendant quelques nuits un canard ou un hérison. Quelques Sphex, insectes à quatre ailes, font aux Blattes une guerre à mort, et pourraient nous être très-utiles, si nous avions l'art de les réduire comme le chat, à l'état domestique; mais notre génie n'a pas su nous attacher encore tous les animaux qui pourraient trouver leur intérêt à seconder nos desseins.

Heureusement, les détestables créatures qui nous occupent ne pulullent pas beaucoup; la femelle ne pond qu'un petit nombre d'œufs, enfermés dans une coque ovale et comprimée. On voit cette espèce de bourse attachée à son derrière, jusqu'à ce que lasse de traîner ce paquet, elle s'en débarrasse en le fixant à divers corps, à l'aide d'une matière visqueuse.

Tel est l'histoire des Blattes, dont le nom seul rappelle à ma mémoire... cependant

> En vous écrivant, mon amie,
> En goûtant ce bonheur charmant,
> J'éprouve qu'insensiblement
> Ma haine se trouve adoucie;
> Le plaisir de vous confier
> Tous les dégâts causés par cette affreuse engeance
> M'a fait de ce malheur perdre la souvenance.
> Que ne ferait point oublier
> Une semblable jouissance!

Les Mantes[*]

Tarses composés de cinq articles ; corps étroit, allongé et presque cylindrique ; tête découverte.

Caractères. Antennes sétacées, formées d'anneaux courts. — Tête découverte. — Yeux saillans. — Front parfois prolongé en corne. — Yeux lisses au nombre de trois, ou quelquefois peu visibles. — Pieds antérieurs souvent plus grands, servant à saisir la proie. — Ailes quelquefois nulles ou réduites à un rudiment ; d'autrefois couvrant tout le ventre.

Le plus grand nombre est carnassier, mais plusieurs ne sont qu'herbivores.

---

[1] Mante, *Mantis*, Linné (*Mantis*, devin;) ils forment les familles des *Mantides* et des *Spectres* de M. Latreille ; celle des *Difformes* ou *Anomides* (Ἀνό-μοιος, singulier : ἰδέα, forme;) de M. Duméril et une partie de la section des *Coureurs* de Lamarck.

Lettre Soixante-unième.

LES MANTES.

> J'ai toujours vu qu'on ne peut guère,
> (Sous peine de passer pour crédule auditeur,)
> Ajouter confiance entière
> Au récit le plus ordinaire
> D'un chasseur ou d'un voyageur.

Ces messieurs possèdent à un si haut degré l'art d'amplifier, d'embellir, voire même d'inventer les sujets, que leur véracité nous est tout aussi suspecte que s'ils étaient originaires de la Gascogne. Ils ont beau nous transporter dans les contrées les plus éloignées et les moins conformes aux nôtres par leurs us et coutumes, on se souvient du proverbe :

A beau mentir qui vient de loin.

On n'a donc point cru sur parole ceux qui, de retour des Indes, assuraient y avoir vu des feuilles tombées de l'arbre qui les portait, se mettre en mouvement sans le secours du moindre zéphir, et fuir la main qui cherchait à les saisir. Le fait semblait par trop extraordinaire ; mais quelles absurdités n'ont pas été avancées par ceux qui peignent sur le papier les pensées de leur cerveau malade ? Un savant a bien voulu nous prouver que les feuilles de certains arbres avaient, après leur chûte, la propriété de se changer en animaux. [1]

L'erreur néanmoins que soutenaient les premiers, n'était pas absolument bien loin de la vérité : les objets qu'ils avaient vu marcher étaient des insectes aplatis, dont les étuis verts ou jaunâtres imitaient tellement le feuillage, qu'il fallait y regarder de bien près pour reconnaître la méprise.

Les pays étrangers à l'Europe sont le séjour de la plupart des individus de cette famille, à tournure si bizarre ; cependant le midi de la France nous en offre quelques échantillons. J'en ai trouvé plusieurs, cet été, dans nos provinces voisines de la Méditerranée ; j'ai même vu la femelle de l'espèce la plus commune, déposant sur une plante ses œufs recouverts d'une espèce de bouillie, qui se durcit bientôt à l'air et forme autour d'eux une enveloppe semblable à du parchemin.

---

[1] L'abbé de Vallemont. *Curiosités de la Nature*. 1705.

A peine sortis de ce sac, les petits paraissent-ils au monde, qu'animés de cet appétit insatiable qu'on remarque, en général, chez les animaux de cet Ordre, ils ne songent qu'à satisfaire leur faim dévorante. Semblables au tigre, ils tuent souvent de faibles créatures pour le seul plaisir de faire du mal. Que dis-je ? on a vu des frères aussi acharnés que des Etéocle et des Polynice, oublier les liens du sang, élever leur corselet dans une attitude menaçante et s'attaquer avec fureur. [1]

Malgré ce caractère féroce, la forme et la démarche de ces insectes sont si curieuses, qu'elles rendent cette famille une des plus intéressantes. Sans parler ici de ces espèces ressemblant à des fantômes, à des spectres qui voltigent, celle qui se rencontre le plus fréquemment en France est faite pour fixer notre attention par ses pieds de devant, élevés comme les mains d'une religieuse qui serait en oraison. Frappés de cette posture, les habitans de la Provence et du Languedoc lui ont donné le nom de *Prega-Diou* ou *Prie-Dieu;* et les dévôts musulmans, pénétrés pour elle d'une vénération profonde, croiraient commettre un crime, s'ils nuisaient à un être qui semble adresser de continuels hommages à l'auteur de toutes choses. Les Hottentots

---

[1] *Voyez* le trait plus singulier rapporté par M. Labillardière. *Mélanges d'histoire naturelle, ou observations faites dans un voyage au Levant.* Annales du Mus., t. 18, p. 453.

poussent encore plus loin la superstition ; ils pensent trouver dans une de ces feuilles ambulantes [1], une divinité, destinée à les protéger.

La forme anomale de ces petits animaux leur a mérité le nom de Mante, qui signifie devin. Les anciens avaient cru voir dans leur tournure have et allongée la figure de ces antiques Sybilles qui, sous ce costume nouveau, semblaient encore en étendant les pattes antérieures, deviner ou indiquer ce qu'on leur demandait. Aussi disait-on qu'ils enseignaient le chemin à l'enfant éloigné de la maison paternelle, et au voyageur égaré qui avait le bonheur de les rencontrer.

Adieu : si leur crédit était encore en vigueur, vous n'auriez pas besoin de recourir à leurs oracles, pour connaître mes sentimens à votre égard ;

> Car lorsqu'au gré de ma tendresse
> Je puis vous revoir parmi nous,
> Dans ces jours, ces momens si doux,
> Qui s'envolent, hélas ! avec tant de vitesse ;
> Par mon air, mes regards, par tous mes traits enfin,
> Je me décèle assez moi-même,
> Et besoin n'est d'être devin
> Pour connaître que je vous aime.

---

[1] *Mantis fausta*, Oliv.

ORTHOPTÈRES.

SAUTEURS.

Familles.

Étuis et ailes

Couchés horizontalement sur le ventre ; ailes, dans le repos, se prolongeant en filets au-delà des étuis ; tarses de trois articles. les GRILLONS.

en toit

Antennes sétacées, très-longues ; femelles toujours armées d'une tarière en forme de sabre ; tarses de quatre articles. les SAUTERELLES.

Antennes filiformes ou renflées vers le milieu ou l'extrémité ; femelles sans tarière ; tarses de trois articles. . . . les CRIQUETS.

Ces insectes ont été appelés *musiciens* ou *chanteurs* par le vulgaire, et *Stridulans* par les savans, à cause du son bruyant que les mâles font entendre.

La plupart des femelles déposent leurs œufs dans la terre.

Les Grillons *.

Étuis et ailes couchés horizontalement sur le ventre ; ailes dans le repos, se prolongeant en filets au-delà des étuis ; tarses de trois articles.

Caractères. Antennes tantôt sétacées et très-longues, tantôt grenues et très-courtes. — Pieds antérieurs parfois aplatis, propres à fouir la terre. — Tarses postérieurs rarement formés d'appendices mobiles en forme de doigts. — Petits yeux lisses quelquefois peu distincts. — Ventre des femelles souvent armé d'une tarrière saillante.

Ces insectes habitent principalement les jardins et les pâturages ; quelques-uns vivent dans le sable sur le bord des mares ou des rivières ; d'autres se cachent dans l'intérieur de nos maisons. La plupart sont entomophages. Plusieurs sont nocturnes.

---

* Grillon , *Grillus* ; Linné. (Γρύλλη, grognement, à cause de leur chant. *Gryllus*, employé par Pline, *lib.* 29, *cap.* 6) ils forment la famille des *Grilloniens* de M. Latreille ; celle des *Grillonides* de Lamarck et font partie de celle des *Grilliformes* ou *Grilloïdes* (Γρυλλος, Grillon ; ιδεα, forme ;) de M. Duméril.

Lettre Soixante-deuxième.

LES GRILLONS

Oh ! le petit monstre que voici ! Oserai-je bien vous entretenir de cette vilaine créature, que sa vie souterraine et l'analogie de ses travaux avec ceux d'un quadrupède fouisseur, ont fait nommer Taupe-grillon ? Il faudrait être, je l'avoue, bien enthousiaste des merveilles de la nature, pour trouver dans son extérieur la moindre beauté capable de flatter l'œil. Comment pourrai-je donc vous intéresser en faveur de ce hideux insecte, si j'ajoute que son penchant à nuire égale sa laideur ? Il est maudit des jardiniers, dont il bouleverse les potagers, en y pratiquant des galeries souterraines. Ses pieds antérieurs sont armés, pour cet usage, de pelles dentées, à l'aide desquelles il s'ouvre un passage au travers des couches, en repoussant sur les côtés la terre qu'il déblaie. Vous concevez que dans cette opération, il apporte peu de soin à ménager les racines des plantes que nous élevons ; de là vient la haine qu'on lui voue et qui justifie les embûches qu'on lui tend pour exterminer sa race.

Malheureusement les femelles de ces Taupe-grillons ou Courtillières sont douées d'une fécondité et animées , pour la conservation de leur postérité , d'une tendresse qui mettent en défaut toutes nos ruses.

Elles construisent un nid d'un demi-pied de profondeur , dont la forme imite celle d'une bouteille dont le col serait courbé ; elles enferment dans cette cachette près de quatre cents œufs , et en bouchent exactement l'entrée , de crainte que le Carabe doré ou d'autres ennemis pénétrent dans cette retraite , comme des loups voraces dans une bergerie , et y fassent des ravages effroyables. Pour plus de sûreté , elle se condamnent à veiller autour de ce dépôt précieux comme un avare auprès de son trésor , et semblent oublier les soins de leur propre conservation ; tant le bien-être de leurs petits les occupe ! Ne vous étonnez pas , Julie , d'une sollicitude si active : un jour vous saurez jusqu'à quels sacrifices peut se résigner la tendresse d'une mère. Cet amour , dont vous ignorez le pouvoir , agite le tigre au fond des déserts , enflamme le vautour dans le creux des rochers , anime l'insecte perdu dans la poudre , et enchante l'homme depuis son été jusqu'à la fin de sa vie.

J'en atteste vos cœurs, soutiens de mon jeune âge :
    Combien de fois, ô mes parens chéris !
        Auprès du lit de votre fils,
N'avez-vous pas souri de revoir votre image !
Combien de fois bercé dans vos bras caressans,
        Accablé de votre tendresse,
        Couvert de vos embrassemens,
        N'avez-vous pas connu l'ivresse
Qu'inspire en nous l'amour de ses enfans !
Ah ! quand pourrai-je au gré des vœux les plus ardens
        De mon ame reconnaissante,
        De cette affection touchante
Quelque jour, envers vous, dignement m'acquitter ?
Mais que dis-je ! jamais y pourrai-je prétendre ?
        Votre amour fut toujours si tendre,
Les soins qu'à chaque instant vous sçûtes me prêter
Sont si nombreux, qu'au lieu de vous les rendre
        A peine, hélas ! pourrais-je les compter !

Pardon, Julie, de cette courte digression en faveur d'un père et d'une mère adorés, dont vous aurez peut-être un jour à bénir avec moi la tendresse ; le sujet m'a entraîné : je reviens à nos petits animaux.

D'autres Grillons, que leurs tarses postérieurs composés d'appendices mobiles, en forme de doigts, ont fait nommer *Tridactyles*, labourent aussi en tout sens le terrain qu'ils occupent ; mais au moins ces derniers, les pygmées de cette famille, choisissent pour séjour des lieux sur lesquels l'homme renonce à exercer sa domination. Ils fuient la verdure autant que d'autres insectes la recherchent, et ne sont bien à leur aise que sur un sable absolument nu.

Leur préférence pour ces plages arides doit piquer

votre curiosité ; je ne saurais mieux la satisfaire qu'en laissant parler le fidèle auteur de leur histoire intéressante. [1] « C'est au sable même qu'ils en veulent ; ils s'en nourrissent, ils avalent avec délices le sable humide et très-fin dans lequel ils creusent en même temps des souterrains profonds ou des galeries à fleur de terre. On sait en effet que le sable humecté par l'eau des rivières recèle des vers infusoires, et des larves d'insectes, qu'on ne peut apercevoir sans le secours de la loupe ou du microscope. Peut-être aussi s'accommodent-ils des imperceptibles débris de végétaux que l'on trouve partout, et qui, par leur mélange avec la terre franche, constituent l'humus ou terre végétale.

« Le Tridactyle s'y prend, pour travailler, d'une autre manière que le Taupe-grillon : il arrache le sable avec ses mandibules ; celles-ci le cèdent aussi-tôt à un des pieds antérieurs qui place immédiate-ment chaque grain là où il convient à l'insecte. Les voûtes des galeries que pratique ce petit mi-neur, ne sont pas très-compactes ; le constructeur y laisse parfois des interstices qui permettent de le voir dans sa retraite lorsqu'on y regarde de très près ; mais il ne faut satisfaire sa curiosité qu'avec précaution ; il est bon de placer un morceau

---

[1] M. Foudras. *Observations sur le Trydactile panaché.* Lyon, 1829. pag. 11 et suivantes.

de verre à vitre entre l'œil et la galerie ; car , au moindre mouvement , le Tridactyle, qui connaît sans doute le peu de solidité de son édifice , s'élance comme un pétard , et fait sauter les grains de sable au nez de l'observateur. »

Qui ne connaît le Grillon domestique ? cet ami du foyer de la maison , ce compagnon des Dieux Lares. Une vénération religieuse le rend sacré pour l'habitant de la campagne : son cri annonce le beau temps : sa présence porte bonheur aux logis qu'il habite.

Il se tient dans nos habitations, derrière les cheminées , dans les fentes de muraille et auprès des fours des boulangers ; mais toutes les nuits il sort de sa retraite , va ravager les comestibles de son hôte, et revient chanter sa victoire par son cri-cri insipide. Ce bruit cependant a des charmes pour certaines personnes ; Scaliger en aimait la triste mélodie, et le docteur Kœnig[1] nous apprend qu'en Afrique on nourrit ces insectes comme nous élevons des oiseaux, et qu'on les vend à cause de leur chant, qui procure un sommeil plus doux à ces peuples indolens.

En France nous n'avons point les mêmes goûts ; leur stridulation nous fatigue souvent et nous fait chercher les moyens de nous débarrasser de ces musiciens. Ledel raconte à ce sujet , qu'une femme ,

---

[1] Ephémérides d'Allemagne.

dont les efforts pour détruire de tels symphonistes
avaient été superflus, s'étant mariée quelque temps
après, le son des instrumens et le bruit des danseurs
conviés à ses noces produisirent sur eux de tels ef-
fets, qu'ils disparurent pour jamais.

Habitant des vallons, le Grillon des champs hante
ordinairement les prés et les pâturages; il s'y creuse
un trou oblique et peu profond, d'où il ne sort guères
qu'au coucher du soleil, pour donner des sérénades
à celle qui a su le charmer.

Un jour, errant dans les lieux voisins de votre
habitation, je m'étais assis près de la retraite d'un
de ces insectes, lorsque ennuyé de sa musique, je
résolus de le prendre et de lui faire payer cher sa
chanson : dans cette intention, j'attachai une fourmi
à un cheveu et la plaçai à l'entrée de sa cellule.
Mon petit compère, attiré par la gourmandise, vou-
lant se saisir de cette proie qui, grâces à mes
soins, fuyait toujours devant lui, sort de son habitation pour la poursuivre, et devient bientôt mon
captif malgré les bonds qu'il fait pour m'échapper.
J'allais l'immoler à ma vengeance, la pitié me retint :

> Va-t-en, lui dis-je, hôte des champs,
> Retourne dans ton ermitage,
> Étourdir encor les passans
> Par ton monotone ramage;
> Va connaître encor le plaisir
> Au sein de ton heureux ménage;
> Là, tu sais braver à loisir
> L'oiseau perfide qui te guette,

Là, du seuil de ta maisonnette,
Tu vois quand, quittant les hameaux,
La jeune et fraîche bergerette
En chantant guide ses troupeaux
Et les amène sur l'herbette,
Ou que d'autres fois la pauvrette
Solitaire et d'un œil distrait,
Las! au hasard erre seulette;
Mais tandis que chagrin secret
Et la tourmente et l'inquiète,
Heureux Grillon, dans ta retraite,
Tu chantes tes plaisirs constans;
Ah! si les destins bienfaisans
Guident en ces lieux ma Julie,
Dis-lui que dans ces prés riaus,
Tu m'as vu sur l'herbe fleurie,
Pensif, occuper mes instans
A rêver à ma jeune amie.

Les Sauterelles.[*]

Étuis et ailes en toit; antennes sétacées très-longues; femelles toujours armées d'une tarière en forme de sabre; tarses de quatre articles.

Caractères. Antennes en forme de scie, très-longues. — Ailes quelquefois nulles. Étuis parfois très-courts en forme d'écailles voûtées et arrondies. — Femelles munies d'une tarière comprimée, imitant un sabre ou un coutelas.

Ces insectes sont herbivores. Ils habitent les prairies, les coteaux même arides, et aiment à se percher sur les haies et les genêts.

---

* Sauterelle, *Locusta*; Geoffroy (*Locusta*, nom employé par Pline et dont s'est servi St-Jérôme pour rendre le mot *hachagab*, qui en hébreu signifie une Sauterelle). Ces insectes forment la famille des *Locustaires* de M. Latreille; ils entrent dans celle des *Grylliformes* de M. Duméril, et dans celle des *Grillonides* de Lamarck.

Lettre Soixante-troisième.

LES SAUTERELLES.

Qu'on ne nous vante plus les sauts prodigieux des Gerboises et des Kanguroos, de ces mammifères étonnans; les insectes nous offriront des tours de force plus merveilleux, et des êtres, proportion gardée, d'une agilité bien supérieure : vous devinez que je veux nommer les Sauterelles. Nous les verrons suivre par des bonds épouvantables le moissonneur dans les champs, ou s'élancer à une distance surprenante, devant le jeune pasteur qui les poursuit dans la prairie.

Avec des avantages si considérables, elles ont encore été pourvues des organes du vol ; au moindre danger, au plus léger caprice, elles déploient, sous les feux de l'été, leurs ailes hyalines semblables à un éventail diaphane, et franchissent les airs comme ces dragons brillans créés par l'imagination des poëtes.

Ces insectes, connus des Romains sous le nom de *Locusta*, ont été employés quelquefois comme le Scarabée chez les Egyptiens, à exprimer hiéroglyphiquement leurs pensées. On a trouvé dans les ruines d'Herculanum un char d'ivoire, traîné par un aigle, qu'une Sauterelle placée dans le char guidait avec des rênes [1]. Ce morceau de sculpture symbolique était sans doute une satire dirigée contre Néron, qui, chargé de conduire l'empire, se laissait gouverner lui-même par un monstre aussi cruel que lui, la célèbre empoisonneuse Locusta [2]. Ces peuples dégénérés employaient ainsi un insecte dans le timide langage de leur haine, comme le jeune icoglan se sert d'une fleur dans celui de son amour;

> De cet art aimable et coquet
> La beauté n'est point offensée,
> Et souvent son ame oppressée
> Confie aux couleurs d'un bouquet
> Les doux secrets de sa pensée.
>
> *M. Aimé Martin.*

Les Sauterelles, lorsqu'on les saisit, dégorgent une liqueur noire et bilieuse; on dit à ce sujet que les paysans de la Suède leur font mordre les verrues dont leurs mains sont hérissées, persuadés que cette espèce de salive fait sécher et disparaître ces excroissances

---

[1] *Cours d'Histoire naturelle*, t. 7, p. 83.
[2] Suétone, *in Ner*, 33. — Tacite, an. 12, c. 66.

cutanées. Pour vous, Julie, qui n'avez aucun motif pour éprouver l'efficacité de cette recette, gardez-vous de placer vos jolis doigts sous leurs mandibules dentelées, si vous n'êtes pas curieuse de connaître jusqu'à quel point ces tenailles déchirantes ont reçu la faculté de pincer.

D'après les notions que vous possédez sur les métamorphoses, vous vous rappelez sans doute qu'à la troisième période de leur vie, ces insectes portent leurs ailes en paquet, comme un colporteur son ballot ; n'allez pas toutefois confondre avec des nymphes quelques espèces dont les étuis sont tellement raccourcis, qu'ils sont réduits à des moignons.

Les femelles de ces animaux ont l'extrémité du ventre armée d'un sabre ou d'un coutelas, qui ne semble aux yeux du vulgaire qu'un ornement frivole; mais l'observateur y découvre une tarière, destinée à cacher au sein de la terre les semences nombreuses qui produiront leurs descendans.

Les mâles, dépourvus de ces appendices, qu'utilise la tendresse des mères, ont en revanche à la base de leurs étuis, une pièce membraneuse comme la peau d'un tambour de basque, au moyen de laquelle ces petits musiciens champêtres produisent des sons perçans, en faisant vibrer leurs étuis l'un contre l'autre par un mouvement horizontal très-vif.

Dans les climats froids, où l'on ne connaît pas les Hémiptères bruyans qui font raisonner les champs du midi, on donne le nom de Cigale à ces longues Sau-

terelles vertes qui, à l'exemple de Philomèle, charment leurs muettes compagnes par des concerts retentissans.

Ainsi, Julie, l'insecte caché dans l'herbe, l'ours
habitant des forêts, ou l'aigle perdu dans les nues,
subissent les lois de cet enfant aveugle que je n'ose
vous nommer, mais dont le pouvoir magique guide
toujours ma plume sous la tutelle de la vertu.

> Oui, tout sent la douce influence
> De cet être mystérieux;
> Tout le reconnaît sous les cieux;
> Tout se soumet à sa puissance.
> A peine, parmi nos jardins,
> La rose vient-elle d'éclore,
> Que les pétales purpurins
> De l'aimable fille de Flore
> S'entr'ouvrent aux zéphirs badins
> Qui suivent le char de l'aurore.
> La Naïade, au bord des ruisseaux
> Dont elle écoute le murmure,
> Pensive, rêve au dieu des eaux
> Dont la verdâtre chevelure
> Se cache parmi les roseaux.
> Le Rossignol, dans le bocage,
> Raconte ses plaisirs nouveaux,
> Et sait attendrir les échos
> Par son mélodieux ramage;
> Tandis que, dans le voisinage,
> Cédant à son goût inconstant,
> Le papillon, en folâtrant,
> Vient offrir au bonheur volage
> Son existence d'un instant.
> Ainsi, de ce dieu séduisant
> Quand la fleur sent le doux servage,

Quand l'oiseau, parmi nos bosquets,
Quand l'insecte sur la verdure,
Éprouvent ses charmes secrets,
Qui pourrait d'une ardeur si pure
Ne pas se laisser enflammer;
Ah ! qui pourrait ne pas aimer,
Quand tout aime dans la Nature !

Les Criquets[*]

Étuis et ailes en toit ; antennes filiformes ou renflées vers le milieu ou à l'extrémité ; femelles dépourvues de tarière ; tarses de trois articles.

Caractères. Antennes filiformes ou terminées en bouton ou rarement renflées dans le milieu et aplaties en forme de sabre. — Tête pourvue de trois occelles. — Corselet parfois relevé en crête, parfois prolongé en forme d'écusson aussi long que le corps. — Ventre comprimé latéralement. — Ailes souvent colorées. — Tarses ordinairement pourvus d'une pelote membraneuse entre les crochets.

Ces insectes herbivores, sont le plus fortement constitués pour le vol.

---

[*] Criquet, *Acrydium* ; Geoffroy. (Ἀκρίς, Sauterelle. Aristote, liv. IV, ch. 9.) Ils forment la famille des *Acridiens* de M. Latreille; entrent dans la famille des *Grylloïdes* de M. Duméril et dans celle des *Gryllonides* de Lamarck.

Lettre Soixante-quatrième.

LES CRIQUETS.

> Tout passe ici-bas, mon amie !
> A peine goûtons-nous les charmes du printemps,
> Qu'hélas nous arrivons, emportés par le temps,
> A l'automne de notre vie.

Voyez comme la nature elle-même nous annonce aujourd'hui par sa tristesse la fuite des saisons ! Ces tilleuls naguère parés de toutes leurs grâces, unissent déjà le jaune et le livide au vert de leur chevelure ; nos cerisiers se colorent d'un rouge pareil aux premiers feux de l'aurore ; tandis que plus caduques les feuilles des noyers se détachent de leurs rameaux et tournoient dans les airs au gré des vents.

Avertis par ces indices de l'approche de l'hiver, les hirondelles se réunissent, en poussant des cris :

> Dans un sage conseil par les chefs assemblé,
> Du départ général le grand jour est réglé ;
> Il arrive : tout part ; la plus jeune peut-être

Demande, en regardant les lieux qui l'ont vu naître,
Quand viendra ce printemps par qui tant d'exilés
Dans les champs paternels se verront rappelés ?

L. RACINE, *poème de la Religion, ch.* 1.

Elles sont bientôt remplacées par les bécasses, les oies et les canards qui, déserteurs des plaines boréales, vont sous un ciel plus doux chercher une nourriture plus facile à trouver.

Cependant, au retour des zéphirs, ces oiseaux regagnent leurs climats; le rossignol abandonne les îles enchantées du Levant; l'hirondelle impatiente de retrouver son berceau brave les flots de la Méditerranée, et la caille succulente quitte les rivages Africains, pour revenir dans nos prés répéter ses chants saccadés et recommencer de nouvelles amours.

Ces musiciens emplumés ne sont pas les seuls aéronautes qui se livrent à des émigrations lointaines; la science qui nous occupe a aussi ses voyageurs ailés : je veux parler des Criquets.

Plusieurs de ces insectes, appelés *Sauterelles de passage*, ne sont que trop connus par leurs terribles excursions. Originaires de la Tartarie, ces animaux voraces seraient peut-être un bienfait de la Providence, pour consommer les herbages inutiles des pâturages délaissés, s'ils se bornaient à remplir cette mission, et restaient confinés dans les vastes déserts que parcourent les peuples nomades, dont ils imitent la vie errante ;

Mais du Très-Haut parfois ministres redoutables,
On les voit tout-à-coup, en troupes innombrables,

Arriver, transportés sur les ailes des vents,
Et des lointains climats s'abattre dans nos champs.
Malheur, trois fois malheur, aux campagnes fecondes
Où s'arrétent alors leurs hordes vagabondes !
L'herbe chère aux troupeaux, le doux fruit de Cérès,
Qui de ses épis d'or ombrageait nos guérêts,
Les fleurs qui tapissaient la campagne fertile,
De nos bois verdoyans le feuillage mobile,
Que dis-je ? fort souvent jusques à leurs rameaux,
Tout cède à l'appétit de ces vils animaux;
Tout disparaît soudain sous leurs dents trop avides,
Qui changent nos vallons en des déserts arides.

L'Égypte n'est pas la seule qui soit encore, comme au siècle de Moïse [1], ravagée par ce fléau dont les prophètes de Dieu menaçaient les ingrats Israëlites. Après la défaite de Charles XII à Pultawa, dans sa retraite en Bessarabie, des Criquets poussés par le Kaamseen ou vent d'Arabie, arrivèrent en nombre si considérable, que leurs bataillons nombreux, semblables à un nuage épais, obscurcissaient le soleil; leur approche était annoncée par un sifflement pareil à celui qui précède la tempête, et le bruissement de leur vol surpassait le sombre mugissement de la mer courroucée [2].

Rien ne résiste à ces phalanges incalculables [3], plus terribles que celles des cosaques du Don. En 1663

---

[1] Exode, ch. X, v. 12.

[2] *Histoire militaire de Charles XII, roi de Suède*, p. 160.

[3] Joel. I, v. 4. Exode ch. X, v. 15. — Psaume lxxvij, v. 46. — J. Paul. Hebenstreitii, *Diss. de Locustis.* 1693. — J. P. Treuneri, *Phænomena Locust.* Jen. 1693. *Relations des Voyages dans l'Afrique septentrionale*, par le major Dixon Denham. *Journal des Voy.* t. 31, p. 184, etc. etc.

elles firent une irruption dans le midi de la France,
et changèrent bientôt en plaines de sable nu la campagne d'Arles où elles se posèrent. L'autorité fit ra-
masser leurs œufs collés aux plantes, par l'écume
visqueuse qui les enveloppait ; on en recueillit
trois mille quintaux qui, suivant les calculs faits à
cette époque, auraient produit plus de cinq mil-
liards de ces insectes [1]. On peut au reste se faire une
idée de la quantité effroyable dans laquelle ils arrivent, quand on pense que d'un seul essaim qui est
resté trois jours sur le territoire d'Hermanstadt,
pendant la dernière guerre des Russes, on en a détruit à peu près trois mille mesures de Presbourg,
sans que l'essaim parût diminué lorsqu'il est parti [2].

Heureusement nos contrées sont rarement le
théâtre de ces excursions si redoutables pour les
orientaux. En les voyant en l'air, ces peuples sont
saisis de la crainte de les voir fondre sur leur pays [3].
Les habitans des provinces de Bornou et de Soudan,
cherchent à les éloigner par des hourras et des bruits
épouvantables [4]; et l'on a vu les Hongrois mettre
des canons en campagne pour les détruire. Les musulmans de Syrie obligent parfois les hommes de
toutes les religions, de toutes les croyances, à se

---

[1] *Histoire de France*, par Mézerai.

[2] Extrait de la Gazette d'Augsbourg. — Constitutionnel, 13 septembre 1828.

[3] Pline, lib. XI, ch. 29.

[4] *Relations des Voyages dans l'Afrique septentrionale*, par le capitaine Hug
Clapperton. *Lond.* 1826. — *Journal des Voy.*, t. 31, p. 166 et suiv.

réunir en procession pour obtenir de Dieu la délivrance [1] de ce fléau, suivi fort souvent d'un autre non moins terrible; car après avoir tout détruit, et causé la famine par leurs ravages, ces Criquets sont quelquefois rejetés par la mer [2] dans laquelle ils sont tombés, et produisent par leur décomposition, une telle corruption dans l'air, qu'ils engendrent la peste. Sous l'empire romain quatre-vingt mille ames périrent par cette cause, dans le seul royaume de Massinissa, et les provinces adjacentes furent décimées plus cruellement encore [3].

Quelques peuples, pour prévenir cette maladie terrible, ont le soin de creuser la terre, pour y enfouir ces petits animaux, ou de les réunir en monceaux et d'y mettre le feu pour les détruire [4].

Les Lévantins se vangent de ces insectes en les mangeant à leur tour. Moïse en permettait, en aliment, quatre espèces aux Juifs [5]; les Grecs les vendaient au marché [6]; Saint-Jean s'en nourrissait dans le désert [7]; les Éthiopiens les servaient sur leurs ta-

---

[1] *Lettres édifiantes et curieuses*, t. I, p. 337.

[2] Exod., ch. X.

[3] Saint-Augustin, *De civitate Dei*, lib. 3, c. 31.

[4] Isaie, c. XXXIII, v. 4.

[5] Levit. XI, v. 21 et 22. Ces quatre espèces sont nommées en hébreu: *hachagab*, *chargol*, *salali* et *arbé*, qui expriment chacun une des propriétés des Criquets. Ainsi *hachagab* signifie *voiler*, parce qu'ils voilent le soleil par leur nombre, *etc.*

[6] Aristoph. *Acharn.* v. 1115.

[7] Math. c. 3, v. 4. — *Notes sur Saint Mathieu*, par Kirstenius.

bles [1], et cet usage existe encore de nos jours [2] ; de
là est venu le nom d'*acridophages* [3] ou *mangeurs de
Criquets* donné par les anciens à certains peuples.

La Providence vient également au secours des contrées ravagées par ces insectes, en appelant des vents
d'occident qui les rejettent dans les déserts où ils ont
vu le jour [4], ou en conviant des bataillons d'oiseaux
qui se chargent de faire une affreuse boucherie [5] de
ces êtres voraces, et de détruire jusqu'à leurs œufs,
que les femelles dépourvues de tarière ne peuvent
cacher au sein de la terre.

Ils ne sont pas si malfaisans, ces petits Criquets
de nos pays, qui déploient dans nos champs leurs
ailes semblables à des écharpes rouges ou bleues.
Toute leur occupation est d'employer, comme l'ar-
chet d'un violon, leurs cuisses hérissées d'épines à
racler la partie membraneuse de leurs étuis de parchemin. Pourvus de cet instrument, ces petits trou-
badours champêtres se plaisent à nous étourdir toute
la journée, en chantant leurs amours sur un ton fa-
tiguant. Ah ! pardonnons - leur les déplaisirs qu'ils
nous causent : leur stridulation aiguë est le langage
des sentimens qui les animent pour leurs compagnes.

---

[1] Diod. de Sic., liv. 3, c. 3.

[2] *Journal des Voyages*, t. 31, p. 66 et suiv. — Hasselquist, *Voy. dans le Levant*, p. 56 - 175.

[3] Plin. liv. VI, c. 30. — Strab, l. XVI, etc.

[4] Exod. c. X.

[5] *Lettres édifiantes et curieuses*, t. I, p. 337.

Comment ces êtres ennuyeux,
En vivant près de leur amie,
N'exprimeraient-ils pas tous leurs transports joyeux
Dans leur sauvage mélodie ?
Si l'hymen accueillait mes vœux,
S'il m'unissait à vous, Julie,
De mon bonheur, aussi bien qu'eux,
Je parlerais toute ma vie !

LES HÉMIPTÈRES.

LES HÉMIPTÈRES[*].

Quatre ailes de consistance inégale, les supérieures souvent coriaces à leur base, membraneuses à l'extrémité; bouche formant un bec.

Ils ont deux antennes, quelquefois peu visibles, de trois à onze articles de forme cylindrique ou amincies vers l'extrémité; deux yeux à facettes, et deux ou trois ocelles chez plusieurs; une bouche formée de trois soies recouvertes d'un fourreau ordinairement cylindrique, articulé et couché le long de la poitrine.

Le premier segment du tronc qui forme le corselet dans les Coléoptères, a beaucoup moins d'étendue chez ceux qui nous occupent; l'écusson se prolonge quelquefois et recouvre une grande partie de la surface du ventre.

Les étuis chez quelques-uns sont coriaces à leur base, membraneux à leur extrémité; chez d'autres ils sont de la même consistance.

Le ventre offre parfois des appendices.

La larve ressemble à l'insecte, aux organes du vol près, qui se montrent dans la nymphe et se développent dans le passage au dernier état; l'insecte est actif sous toutes ces formes.

Quelques femelles sont aptères.

Ces insectes nuisent généralement aux plantes en les suçant avec leur bec.

---

[*] (Ἥμισυς, moitié; πτερόν, aile.) Linné, Geoffroy, Olivier, Lamarck, MM. Cuvier, Latreille, Duméril; les 5ᵉ et 6ᵉ classes de De Géer; les *Rhyngotes* de Fabricius.

DIVISION

DES

HÉMIPTÈRES.

Tribus.

Bec {
Naissant du front; étuis membraneux à leur extrémité; élytres et ailes ordinairement horizontales . . . . les HÉTÉROPTÈRES.

Naissant près de la poitrine; étuis partout de même consistance; élytres et ailes le plus souvent en toit . . . . les HOMOPTÈRES.

Quelques auteurs modernes, tel que M. Kirby, ont formé deux Ordres de ces deux divisions.

DIVISION

DES

HÉMIPTÈRES HÉTÉROPTÈRES[*].

Familles.

Antennes {

Découvertes, plus longues que la tête; pieds antérieurs servant très-rarement de pinces; tarses de trois articles, le premier quelquefois très-court . . . . les Punaises.

Cachées sous les yeux, peu visibles, à peine de la longueur de la tête; pieds antérieurs servant ordinairement de pinces pour saisir la proie; tarses d'un ou deux articles . les Hydrocorises.

Les insectes de la première famille sont terrestres; les autres sont aquatiques.

---

[*] Έτεροῖος, qui n'est pas fait de la même manière; πτερὸν, aile.

Les Punaises[*]

Antennes découvertes, plus longues que la tête ; pieds antérieurs servant très-rarement de pinces ; tarses de trois articles, le premier quelquefois très-court.

Caractères. Antennes ordinairement de quatre ou cinq articles, filiformes ou terminées en soie ou par un bouton, et insérées entre les yeux. — Gaîne du suçoir de deux a quatre articles. — Bec quelquefois court et crochu. — Tête parfois rétrécie en forme de cou. — Pieds antérieurs rarement destinés à faire l'office de pinces. — Corps ovale, oblong ou allongé. — Pieds postérieurs servant chez quelques-uns à ramer ou à marcher sur les eaux.

Ces insectes nuisent aux plantes ; plusieurs font la guerre aux chenilles, etc.

---

[*] Punaise, *Cimex* ; Linné. (*Cimex*, dénomination latine). Elles forment la famille des *Géocorises* (γῆ, terre ; Κόρις, Punaise) de M. Latreille ; celle des *Frontirostres (frons*, front ; *rostrum*, bec ;) ou *Rhinostomes* (ῥίν-νός, nez ; στόμα, bouche) de M. Duméril, et partie de la division des *Cimicides* de Lamarck.

Lettre Soixante-cinquième.

LES PUNAISES.

Je vous écris aujourd'hui du séjour le plus triste
qui puisse s'offrir jamais aux yeux d'un voyageur;
d'un lieu agreste et sauvage, qu'on n'aborde qu'avec
dépit, où cependant la pluie et les autans déchaînés
m'ont condamné à passer la nuit,...... de Saint-Cyr
enfin;

> Non de ce joli bourg dont les côteaux fertiles
>   Dominent les ondes tranquilles
> De la Saône suivant son cours capricieux,
> Et d'où l'on expédie aux gourmets de nos villes
>   Des fromages délicieux ;

mais de Saint-Cyr-en-Châtou, bourgade perchée
au sommet d'une montagne aride, composée de deux
ou trois huttes éternellement battues par les tem-
pêtes ou cachées dans les nuages; site admirable

****

pour y élever une tour télégraphique ou la cellule d'un anachorète, mais peu propre à héberger tout homme tant soit peu ami de son bien-être. Vous devez juger par cette description, quelle chambre à coucher j'ai dû y trouver. C'est une véritable chartreuse, semblable à celle dont Gresset nous a laissé une si aimable description.

> Une table mi-démembrée
> Près du plus humble des grabats,
> Six brins de paille délabrée
> Tressés sur de vieux échalas,
> Voilà les meubles délicats
> Dont ma chambrette est décorée!
>
> GRESSET, *la Chartreuse.*

Heurement les poëtes ne sont pas difficiles à contenter; j'ai donc pris gaîment mon parti, et me suis enfermé dans cette cage presque aussitôt que la nuit a paru.

> C'est de ce céleste tombeau
> Que votre ami, nouveau Stylite,
> A la lueur d'un noir flambeau
> Penché vers un lit sans rideau,
> Dans un déshabillé d'ermite,
> Vous griffonne aujourd'hui sans fard,
> Et peut-être sans trop de suite,
> Ces vers enfilés au hasard.
>
> GRESSET, *la Chartreuse.*

J'avais d'abord ouvert un des ouvrages si agréables et si spirituels de M. Charles Nodier, espérant charmer une partie de ces heures nocturnes par le plaisir dont il nous fait jouir; lorsque tout-à-coup,

en levant les yeux, j'aperçois sur la muraille mi-blan-
chie qui servait de rempart à ma couche.... je ne sais
quoi d'obsur, qui se mettait en mouvement; j'approche aussitôt la lampe qui brûlait à mes côtés, et,
à sa pâle lueur, je vous.... ô ciel!... une foule de ces
insectes roux et aplatis que l'odeur dégoûtante et fétide qu'ils exhalent a fait nommer Punaises. O destin !
me suis-je écrié, n'était-ce donc pas assez de m'avoir
si cruellement poursuivi toute la journée, me réser-
vais-tu à assouvir la faim de ces vampires avides ?
est-il dans tes dècrets que je ne doive point goûter
encore le repos ? Indécis, un instant, si je resterais
couché ou si je passerais mon temps à me promener
dans mon galetas resserré, l'idée m'est venue de vous
écrire, et me voici à l'ouvrage.

Peut-être ne connaissez-vous point encore ces hideux animaux, armés d'un bec infléchi, qui pendant
le jour se tiennent cachés dans les fentes de nos murailles ou dans les jointures de nos bois de lit, pour
venir en tapinois dans les ténèbres, sucer notre sang
dont ils sont très-friands. Oui, sans doute, trop de
propreté règne dans votre maison pour y donner
refuge à une semblable engeance; mais que je vous
plains, si jamais vous êtes forcée de camper aussi
près que moi de l'ennemi ! Oh! si du moins, alors,
armé du pouvoir magique d'un Merlin, je voyais
ces parasites obéir à ma voix, je leur dirais :

Allez, insectes malfaisans,
Portez ailleurs votre présence;

> Semblables aux remords tourmentez les méchans;
> Mais respectez ici la vertu, l'innocence.
>   Cette beauté chère à mon cœur
>   Qui repose dans cet asile,
> Ne doit être agitée, en son sommeil tranquille,
>   Que par le songe du bonheur.

Comme il est probable que mes paroles seraient une sauvegarde peu sûre, il faudrait, si vous vous trouviez en voyage, humecter vos draps avec du vinaigre ou du jus de citron, qui peuvent servir de palliatif, mais des moyens plus efficaces seraient indispensables, dans un logis que vous compteriez habiter. Vous pourriez, par exemple, employer des dissolutions de sublimé corrosif ou d'arsenic qui feraient immenquablement périr jusqu'aux œufs cachés dans les trous, où vous introduiriez le liquide. [1] Sans des préservatifs semblables, vous ne sauriez vous défendre, malgré toutes vos précautions, de la visite nocturne de ces êtres dégoûtans. En vain vous placeriez-vous dans un lit suspendu, qui lui-même ne recèlerait aucune Punaise, s'il en existe dans la

---

[1] Voyez, pour les recettes à employer pour [la destruction des Punaises, Buchoz, *Histoire des insectes nuisibles et utiles à l'homme*, 1809, tom. I, pag. 5 — 19. Voici deux des procédés les plus efficaces :

§ Faites brûler sur du charbon, après avoir bouché toutes les ouvertures, deux onces de poivre rouge et autant de souffre et d'assa fœtida ; la vapeur de ce mélange tue ces insectes.

§§ Faites dissoudre une demi-once de sublimé corrosif dans deux onces d'esprit salin ; cette dissolution mélangée dans un litre d'esprit de térébenthine fait périr jusqu'aux œufs, dans les trous où l'on introduit cette lotion.

chambre, et qu'elles ne puissent descendre par les cordes qui soutiennent votre hamac, attirées par les émanations de votre corps, elles sauront avec adresse grimper au plafond et se laisser tomber sur la couchette où vous penseriez être à l'abri de leurs attaques.

Les hommes ne sont pas les seuls exposés à cette vermine; les quadrupèdes, et parmi les oiseaux l'hirondelle surtout, sont sujets à assouvir leur soif sanguinaire. Peut-être ces voyageurs aériens ont-ils, les premiers, apporté des climats plus chauds ces animaux insupportables; car cet insecte qui (par une exception unique dans cette famille) n'a ni ailes, ni étuis, n'a pas toujours habité nos contrées. Ce n'est même que depuis la fin du dix-septième siècle [1] qu'on a commencé à en voir en Angleterre, où elles se sont répandues depuis avec une prodigieuse rapidité.

Cette espèce qui nous fait une guerre si cruelle, serait peut-être bien plus multipliée encore, si elle ne trouvait dans un individu de la même famille un ennemi redoutable. Armé d'un bec court et crochu, caché dans les recoins de nos maisons, où sa robe noire le fait difficilement apercevoir, souvent même, sous la forme de larve, couvert d'un manteau de poussière qui le rend méconnaissable, ce

---

[1] Depuis 1670, Southall. *monographia treatife of Buggs.* Lond. 1730.

vengeur des injures qui nous sont faites par la Punaise des lits, parcourt nos appartemens pendant la nuit, et par de justes représailles, s'abreuve à longs traits du sang de la cruelle qui aime à sucer le nôtre. C'est un véritable animal domestique, aussi utile dans son genre que le chat, dont il imite la perfidie envers celui qui le caresse; car il pique vivement ceux qui cherchent à le saisir.

Cette espèce n'est pas la seule qui soit entomophage; plusieurs autres, qui hantent nos bois et nos champs, font une guerre active aux chenilles, ou même à des insectes plus forts, et nous en délivrent en les détruisant. La plupart, cependant, sucent les végétaux pour y trouver leur nourriture, et laissent souvent, sur les fruits de nos jardins, l'odeur désagréable qui nous les rend si odieuses. Une de ces dernières [1] qui vit sur le bouleau, est remarquable par la tendresse maternelle qui l'anime; on la voit, semblable à la poule, conduire sa jeune famille tant que ses soins lui sont nécessaires, et au moindre danger battre des ailes et repousser ainsi l'ennemi, surtout le mâle, qui comme le vieux Saturne cherche à dévorer ses petits, sitôt qu'ils sont nés.

Sur les bords de nos étangs, il n'est pas rare de voir courant à petits sauts, quelques espèces amies des rivages; à leur démarche agile et empressée on

----

[1] *Cimex griseus*, Linné.

peut prédire malheur à la proie incapable de défense qui se trouvera sur leur route ; cependant d'autres, plus hardies, montées sur leurs longues pattes comme sur des échasses, osent s'exposer sur l'élément fluide où se peignent le saule et le peuplier, et poursuivre sur ce terrain mobile avec leurs pattes de devant semblables à des pinces, les voyageurs égarés dans ces déserts humides.

J'aurais à vous parler de bien d'autres Punaises dont la beauté, les couleurs, les épines qui les ornent, ou le dos recouvert par l'écusson comme par une cuirasse, mériteraient de fixer votre attention ; mais je n'ai pas le courage de m'étendre davantage sur ce sujet.

> Au moment où je vous écris
> L'éclair luit, le tonnerre gronde,
> Et de leur retraite profonde
> Tous les fils d'Éole sortis
> Semblent, en cet affreux pays,
> Préluder à la fin du monde.
> Déjà leur rage furibonde
> Ébranle le mauvais chassis
> Placé dans l'étroite ouverture
> Qui seule éclaire ces réduits ;
> Et ses carreaux de papier gris
> Que dans cette oblique embrasure,
> Leur souffle agite tour-à-tour,
> Forment un ennuyeux murmure,
> Pareil à celui du tambour.
> Ajoutez à cette peinture
> Que, tourmenté violemment,
> Le chaume qui sert de toiture

Nous menace, à chaque moment,
De ne laisser pour couverture
Que la voûte du firmament.
Cependant la lampe tremblante
Qui, de sa clarté vacillante,
Éclaire ce sombre séjour,
Me montre sa lueur mourante
Prête à s'éteindre sans retour!
Ah! si du moins jusques au jour
J'en conservais un faible reste!
Sur ma parole, je promets
Qu'on ne me reverra jamais
Dans cette bourgade funeste
Des autans braver le courroux,
A moins que sur la terre et l'onde
Ce chemin soit le seul au monde
Pour me conduire auprès de vous.

Les Hydrocorises.*

Antennes cachées sous les yeux, peu visibles, à peine de la longueur de la tête; pieds antérieurs servant ordinairement de pinces pour saisir la proie; tarses d'un ou deux articles.

Caractères. Antennes en soie, de trois ou quatre articles, peu visibles, à l'œil nu. — Yeux très-gros. — Bec court et aigu. — Écusson quelquefois nul. — Corps linéaire, alongé ou ovale. — Pattes postérieures le plus souvent propres à nager. — Ventre quelquefois terminé par des filets.

Ces insectes habitent les eaux et vivent de rapine.

---

* Hydrocorise, *Hydrocoris*, Latreille. (ὕδωρ, eau; Κόρις, Punaise). Ces insectes composent la famille des *Hydrocorises* de M. Latreille; celle des *Remitarses* ou *Hydrocories* (ὕδωρ, eau; Κόρις, Punaise;) de M. Duméril, et partie de la division des *Cimicides* de Lamarck.

Lettre Soixante-sixième.

LES HYDROCORISES.

Vous la rappelez-vous, Julie, cette journée délicieuse, où rendue pour quelques jours à ces lieux
qui vous redemandaient sans cesse, à des amis nombreux qui soupiraient après votre retour, nous exé-
cutâmes le projet, dès long-temps conçu, d'aller
en petite caravane prendre un repas champêtre sous
les dômes de verdure des bois des environs? Ces momens enchantés ont fui sur les ailes du plaisir; mais
leurs charmes viennent toujours s'offrir à mon ame
émue.

> C'est ainsi qu'en rêvant aux délices sans nombre
>   Qu'alors près de vous je goûtais,
> Leur souvenir encor me fait jouir de l'ombre
>   Du bonheur dont je m'enivrais.

Oh! combien de fois, depuis cette époque, n'ai-je pas renouvelé cette promenade qui m'était devenue plus chère ! Combien de fois, solitaire et pensif, ne suis-je pas venu me reposer sous ces sapins qui nous prêtèrent leur ombrage !

C'est-là, me disais-je en revoyant le gazon sur lequel s'arrêta notre joyeuse société; c'est là, sur le bord de cette fontaine, que pour la première fois j'expliquai à mon amie les merveilles du créateur; peut-être cet instant, Julie, a-t-il décidé de votre goût pour l'histoire naturelle.

Il me semble voir encore dans cette source bordée de mousses, ces insectes amis des Naïades, à qui nous nous plaisions à jeter des moucherons, pour jouir du spectacle cruel de les voir dévorer sous nos yeux. Leur avidité fit naître en vous le désir de connaître l'histoire de ces Hydrocorises ou Punaises d'eau; vous ne serez peut-être pas fâchée de retrouver ici les détails que je vous donnai à cette époque.

Cette Nèpe, vous disais-je, qui patine si légèrement avec ses pieds de derrière, réserve ceux de devant pour un autre usage. En état de repos, son tarse armé d'un ongle, est replié dans un sillon de la cuisse, comme la griffe du chat est cachée dans le velouté de sa patte; mais s'il vient à passer un insecte à sa portée, elle l'accroche avec cette espèce de harpon et le déchire avec son bec.

Cette Naucore qui fend ce crystal liquide, et dont le corps ovoïde et déprimé ressemble à un bateau, se sert aussi de ses pieds de devant comme d'un hameçon pour saisir la proie qu'elle guette?

Voyez-vous cette Notonecte ou Punaise à avirons, qui renversée sur le dos, ainsi que son nom l'indique, emploie pour diriger ses mouvemens ses deux pattes de derrière, comme deux grandes rames? Quelqu'extraordinaire que semble d'abord sa posture, il est facile à voir son dos imitant la carène d'un vaisseau, sa tête lisse et arrondie, ses antennes imperceptibles, que la nature l'avait destinée à fendre les eaux à la renverse; mais remarquez combien cette bonne mère rend avantageuse pour cette créature cette pénible situation : dès qu'un volatile poussé par les vents est précipité sur cette surface humide ou tombe imprudemment dans ce fluide transparent, la Notonecte, habile à profiter de cette bonne aventure, accourt en hâte auprès de ce malheureux, l'embrasse avec ses longs bras, comme un poulpe dévorant, et le dépèce impitoyablement avec son bec armé de trois aiguillons.

Ce suçoir, aussi redoutable pour les larves des cousins, que les dents du lion ou de la panthère le sont pour les timides habitans du désert, lui aide merveilleusement aussi à se défendre contre qui l'attaque. Ne vous rappelez-vous pas à ce sujet l'aventure de notre ami D***, qui, protecteur zélé des faibles, voulut pour le punir, saisir imprudemment un de ces entomophages? La piqûre que lui attirèrent ses soins charitables, dut lui paraître plus sensible par l'hilarité qu'elle fit naître parmi nous ; mais elle lui apprit suffisamment, en lui rappelant la fable des pigeons et des vautours, à ne plus se mêler des querelles qui lui sont étrangères.

Pour vous, Julie, que la rencontre de ces petits animaux vous inspire d'autres pensées,

> Et lorsque dans une onde pure,
> Vous reverrez en d'autres lieux
> Ces insectes industrieux,
> Dont je vous fais une peinture
> Que je n'achève qu'à demi,
> Veuillez encor, je vous conjure,
> Vous souvenir de votre ami.

DIVISION

DES

HÉMIPTÈRES HOMOPTÈRES.

Familles.

De trois articles ; antennes de trois à six pièces ;
femelles ailées, pourvues d'une tarière . les CIGALES.

Quelquefois de trois, mais le plus souvent
d'un seul article ; antennes de neuf à onze
pièces ; mâles pourvus de deux ailes ; femelles
aptères, sans tarière . . . . les COCHENILLES.

Antennes de dix ou onze pièces ; insectes
sauteurs. . . . . les PSYLLES.

Antennes de six à huit pièces ; ventre souvent terminé par deux cornes ou mame-
lons. . . . . les PUCERONS.

Tarses / *De deux articles.*

---

* Ὁμόπτεροι ; ὁμὸν, semblable ; πτερὸν, aile.

Les Cigales *

*Tarses de trois articles ; antennes de trois à six pièces ; femelles
ailées, pourvues d'une tarière.*

Caractères. Antennes en forme d'alène, terminées par une soie
et composées de trois à six pièces. — Deux petits yeux lisses. —
Élytres parfois transparens et semblables aux ailes, parfois
opaques et colorés. — Corselet quelquefois prolongé, presqu'anguleux. — Femelles armées d'une tarière dentelée en scie.

Ces insectes tirent avec le suçoir de leur bec la sève des végétaux. Plusieurs produisent un son aigre et bruyant.

---

* Cigale ; *Cicada* ; Linné (étymologie latine). Ils composent la famille des
Cicadaires de M. Latreille ; celles des *Collirostres* (*collum*, cou ; *rostrum*, bec ;)
ou *Auchénorhynques* (αὐχήν, cou ; ῥύγχος, nez ;) de M. Duméril, et
celle des *Cicadaires* de Lamarck.

Lettre Soixante-septième.

LES CIGALES.

Vous savez, Julie, d'après la fable, que Tithon enlevé par l'Aurore, dans les champs troyens, vieillit en peu de jours près de cette immortelle et fut métamorphosé en Cigale. Ses descendans nombreux qui habitent principalement les climats chauds, analogues à leur patrie première, ont depuis long-temps fixé l'attention des savans, et ces messieurs qui prétendent avoir le droit de classer tous les corps de la nature, leur ont trouvé des caractères suffisans pour en former une famille d'Hémiptères.

Sous le ciel de nos campagnes, lorsque le soleil parvenu à l'Écrevisse ou au Lion, lance tous ses feux sur la terre, il n'est pas rare de voir sauter dans nos prairies les petites espèces ou Cicadelles dont la robe brille souvent d'écarlate, d'émeraude ou d'azur. On peut même dès le retour des beaux jours en trouver plusieurs sous leur forme première; mais il faut être dans le secret des ruses qu'elles employent pour les découvrir alors dans leur retraite. Qui les devinerait, en effet, sous les bulles écumeuses où elles vivent à l'abri des intempéries de l'air et de la méchanceté de leurs ennemis? Vous avez vous-même remarqué plus d'une fois, je gage, cette espèce de salive attachée aux plantes dans la saison printanière, sans vous douter qu'un insecte fût caché dans son sein; sans soupçonner que la nature eût accordé à ce nouveau-né la faculté de produire par l'anus et par d'autres parties du corps cette humeur savonneuse, pour en couvrir, comme d'un vêtement, sa peau tendre et délicate. Si la curiosité vous engage un jour à fouiller dans ces globules, vous aurez bientôt déterré ce petit animal. Quelques méchantes créatures, dont je vous parlerai dans la suite, et auxquelles on a donné le nom de Sphége, savent bien l'y dénicher aussi; elles l'enlèvent à ses foyers comme l'oiseau de rapine, et l'emportent pour nourrir leur progéniture à venir. Sauf de tels accidens, le jeune insecte passe toute son enfance dans cette cachette, jusqu'à ce que pourvu d'ailes il puisse voltiger et sauter sur nos haies et nos gazons.

D'autres Cigales dont la Chine, les Indes et le Nouveau-Monde fournissent des échantillons magnifiques, sont remarquables par la propriété dont elles jouissent. Leur tête vésiculeuse jette, dans la saison de leurs amours, un éclat phosphorique si grand, qu'on peut lire à cette clarté l'écriture la plus fine; aussi ces créatures ont-elles été nommées Fulgores ou Porte-lanternes. Rien n'est si merveilleux que le spectacle qu'elles offrent dans les nuits les plus sombres; on les voit fendre les airs comme des fusées étincelantes, parcourir les champs comme des brandons de feu, ou, lorsqu'elles voltigent de fleur en fleur, briller comme ces torches enflammées que la crédulité du vulgaire croit apercevoir errant sur nos champs de mort, promenées par des esprits infernaux.

Mlle Mérian raconte qu'avant de connaitre la propriété lumineuse de ces insectes, les indiens lui en apportèrent un jour plusieurs, qu'elle enferma dans une cassette. La nuit suivante, éveillée par un bruit singulier, elle se lève, se laisse guider par le frémissement qui parvenait jusqu'à elle, et arrive vers la boîte d'où sortait ce son inaccoutumé; elle l'ouvre : ô surprise! il en sort des monstres enflammés qui tracent un sillon de feu dans la chambre qu'ils parcourent. A cette vue, le coffret de carton échappe à ses mains tremblantes; mais lorsqu'après un instant, la frayeur eut fait place à l'admiration, elle fit rentrer dans leur prison ces animaux extraordinaires, qui s'étaient prévalu de la peur qu'ils lui avaient causée, pour prendre l'essor.

Toutes les espèces sur lesquelles je vous ai donné des notions, sont muettes, et conséquemment moins connues que les véritables Cigales ou chanteuses;

> Car malgré nous, notre regard
> S'arrête moins (c'est le commun usage)
> Sur l'homme recueilli que sur le babillard
> Fatiguant par son bavardage.

Les anciens fabulistes, et le bon Lafontaine à leur exemple, ont cherché à nous offrir dans la conduite de cet insecte un modèle d'imprévoyance. Vos connaissances en histoire naturelle me dispensent de vous faire sentir la fausse application de cet apologue; vous savez trop bien qu'il lui était inutile d'amasser des provisions pour l'hiver, puisque dès l'automne, les femelles périssent après le travail important de leur ponte.

En examinant l'extrémité de leur ventre, on le voit armé d'une tarière écailleuse, formée de deux scies dentelées tout le long, au moyen desquelles elles percent et entaillent les branches sèches pour y déposer le germe de leurs descendans; on reconnaît les rameaux qui ont servi à cet usage à certaines petites élévations, formées par une portion de bois soulevée, sous chacune desquelles sont cachés de cinq à dix œufs. Dès que la terre se dégourdit sous les feux du soleil printanier, les larves, au sortir de la coquille, descendent dans la terre et y pratiquent des chemins couverts avec leurs jambes de devant façonnées comme des pèles. Sous cette forme elles n'offrent aujourd'hui de l'intérêt qu'aux amis de la nature et sont reléguées par nos sybarites dans un honteux oubli; mais au temps des Grecs qui leur donnaient le nom de Tettigomètres, (mère des Cigales) elles étaient recherchées avec empressement et figuraient sur leurs tables, comme un morceau délicat. Ces peuples mangeaient même ces insectes après leur dernière métamorphose et recherchaient de préférence les femelles dont le corps était rempli d'œufs [1].

Après avoir vécu de l'humeur aqueuse des racines des plantes et s'être changés en nymphes dans les lieux qui ont caché leur enfance, ces hémiptères abandonnent ce sombre séjour, grimpent sur le tronc du végétal qui les a nourris et lui doivent encore la vie, en pompant avec leur bec le suc de leurs rameaux. Ces piqûres, ces saignées nombreuses faites à une espèce de frêne de la Calabre [2], laissent découler de cet arbre cette sève mielleuse et purgative connue sous le nom de manne.

Si les naturalistes n'étaient pas tenus à une exactitude plus rigoureuse que les poëtes, je vous aurais montré ces insectes puisant dans les pleurs de l'Aurore leur unique aliment [3], et je me serais écrié avec Anacréon :

> O Cigale mélodieuse !
> Que ta destinée est heureuse !
> Que tu vis sous d'aimables lois !

---

[1] Aristote, liv. V, ch. 30.
[2] *Fraxinus ornus*, Linné.
[3] Aristote, liv. IV, ch. 7, est tombé dans la même erreur.

Dans les parfums de la rosée
Tu t'enivres, reine des bois!
 ANAC., OD. *Traduction de M. de Saint-Victor.*

mais je ne dois vous entretenir que des merveilles réelles qu'elles nous offrent; je terminerai donc leur histoire par la description de l'instrument singulier avec lequel le mâle donne des concerts à sa muette compagne.

Figurez-vous deux membranes contournées en forme de timbales, ou deux tambours de basque placés de chaque côté du ventre sous des écailles qui les recouvrent. A chacune de ces membranes aboutissent des muscles, qui se contractant et se relâchant avec vitesse, rendent concave la partie convexe et chassent l'air par un trou placé postérieurement. On peut même, après la mort de ces musiciens, leur faire redire leur aigre chanson, en leur faisant éprouver avec le doigt des tiraillemens semblables.

Dans le midi de la France, sous le ciel d'azur de la Provence et du Languedoc on est étourdi des fatiguantes doléances de la Cigale, et des sons discordans sur lesquels ce Tithon de la fable pleure ses plaisirs passés et sa jeunesse évanouie comme un songe; mais au reste on n'est pas d'accord sur le motif des chants de cette créature.

Chacun lui prête le langage
Qui convient le mieux à son cœur;
Ainsi le joyeux moissonneur

Croit l'entendre dans son ramage
Des champs célébrer le labeur ;
Tandis que le jeune pasteur,
Que chagrin d'amour inquiète,
Croit, qu'agitée aussi d'une peine secrète,
Elle vient aux échos redire sa douleur ;
Pour moi, si quelque jour, près de celle que j'aime,
Errant sous ce ciel enchanteur,
Je l'entendais jaser de même,
Je croirais, dans mon trouble extrême,
Qu'elle raconte mon bonheur.

Les Cochenilles *

Tarses quelquefois de trois, mais le plus souvent d'un seul article ; antennes de neuf à onze pièces ; mâles pourvus de deux ailes ; femelles aptères, sans tarière.

Caractères. Antennes filiformes ou sétacées, plus courtes que le corps, de neuf à onze pièces. — Mâle sans bouche visible ; femelle pourvue d'un bec. — Deux ailes dans le mâle ; femelle aptère. — Ventre du mâle terminé par deux soies. — Tarses ordinairement d'un seul article.

Les femelles de ces insectes sucent les plantes, et perdent souvent en grossissant la forme d'un être vivant.

---

* Cochenille, *Coccus* ; Linné. (*Coccus*, graine écarlate). Ils forment la famille des *Gallinsectes* de MM. Latreille et Lamarck, et celle des *Plantisuges* (*planta*, plante ; *sugere*, sucer ;) ou *Phytadelges* (φυτὸν, plante ; αδελγω, je suce ;) de M. Duméril.

Lettre Soixante-huitième.

LES COCHENILLES.

J'ai toujours aimé les voyages ;
En parcourant les lieux divers,
On peut connaître les usages
Des habitans de l'univers ;
On voit de savans personnages,
A leur école l'on s'instruit,
Et notre cœur et notre esprit,
De leurs leçons, de leurs maximes sages,
Rapportent toujours quelque fruit.
Rempli de cette ardeur secrète,
Visitant des pays qui nous sont inconnus,
Ainsi se promenait de planète en planète,
Un habitant de Syrius ;
Ainsi Platon et Pythagore
Et cent autres doctes encore
Quittant pour de lointains climats
Les vallons rians de la Grèce,
Allaient y chercher la sagesse
Que chez eux ils ne trouvaient pas.

A leur exemple, je parcourais cet été avec mon ami D* les montagnes incultes de la Provence, lorsque le hasard nous fit faire la rencontre d'une femme d'un âge avancé, occupée à détacher avec ses ongles certaines protubérences qui couvraient les tiges d'un chêne vert [1]. Après l'avoir examinée quelque temps sans deviner le but de son travail : ma bonne, lui dis-je en l'abordant, si notre curiosité ne vous semblait pas déplacée, auriez-vous la bonté de nous apprendre le motif des peines que vous prenez? Vous êtes sans doute étrangers, me répondit-elle, pour ne point connaître le Kermès, dont on fait chaque année dans ces contrées une récolte abondante. Quoi! l'interrompis-je, ces petites monstruosités qui ressemblent à des Galles plutôt qu'à des êtres animés, sont-elles ces insectes précieux dont on se sert dans la teinture? Justement, reprit-elle; voilà pourquoi on leur a probablement donné le nom de Gallinsectes, sous lesquels ils sont également connus; mais ils n'ont pas toute leur vie la figure informe que vous leur voyez.

A leur sortie de l'œuf, c'est-à-dire au commencement de l'été, on croirait voir de petits cloportes blancs, qui n'auraient que six pattes, courir sur les feuilles dont ils pompent le suc avec leur bec. Ils mènent cette vie nomade jusqu'aux approches

---

[1] *Quercus coccifera*, Linné.

de l'automne, époque à laquelle ils entrent dans leur
jeunesse ;

> Age charmant, où l'on commence
> A soupçonner d'autre bonheur
> Que les plaisirs de notre enfance ;
> Un désir incertain, une vague espérance
> Agitent alors notre cœur ;
> Mille sujets nouveaux arrêtent la pensée,
> Et par l'illusion notre ame caressée,
> Avec enchantement s'abandonne à l'erreur
> Des rêves les plus doux.....! mais hélas , par malheur,
> Cette aimable saison est trop vite passée !...

En poussant quelques soupirs qui décélaient ses
regrets, cette bonne femme continua ainsi : quelques-unes de ces petites créatures (vous devinez que
ce sont les femelles) quittent alors pour toujours la
légèreté qu'elles ont montrée dans leur enfance, pour
vivre dans la retraite et la modestie qui sont leur
apanage. Elles choisissent une place qu'elles ne doivent plus quitter, s'y fixent en enfonçant leur bec
dans la plante qui les protège , et en suçant ainsi
continuellement la sève du végétal , acquièrent une
grosseur extraordinaire qui les rend méconnaissables.

Les mâles qui, dans leur enfance, n'avaient pu
être distingués de celles-ci, se fixent bien également, mais seulement pendant le temps nécessaire
pour opérer les changemens qui se préparent sous
leur peau qui s'est durcie. Dégagés de cette enveloppe qui les encroûtaient, ils se présentent, pourvus

de quatre ailes, qui (vous me le pardonnerez) secondent merveilleusement l'inconstance si naturelle
à leur sexe.

> On les voit, légers et trompeurs,
> A la diversité fidèles,
> Voltiger de belles en belles,
> Comme le papillon vole de fleurs en fleurs.

Dépourvus de bouche, sous cette forme, le plaisir devait être sans doute leur unique occupation;
mais ils trouvent bientôt le terme d'une vie devenue
inutile.

Les femelles ne subissent pas aussi promptement
le même sort; la nature en leur réservant le bonheur
d'être mère, leur laisse le temps d'assurer le sort de
leur postérité. Elles pondent donc près de deux mille
œufs qu'elles cachent soigneusement sous leur corps
informe, et meurent ainsi en les protégeant long-
temps encore contre la fureur de leurs ennemis.
Prodige admirable! cette mère qui n'a travaillé
qu'au bien-être de ses enfans durant sa vie, doit être
leur première nourriture après sa mort; car à peine
ses petits sont-ils éclos, qu'ils se disputent le sein
qui les a portés et se partagent les entrailles de celle
qui leur donna le jour. Ils sortent enfin de cette cachette, par l'ouverture de l'anus, pour aller sucer
les végétaux selon les habitudes de leurs parens.

Une fois parvenus à la grosseur qu'ils doivent acquérir, on les recueille comme vous le voyez; on les
tue à la vapeur du vinaigre bouillant et on les livre

au commerce, où ils sont également connus sous les noms de Kermès et de *graines d'écarlate*.

Ne servent-ils, lui demanda mon ami, qu'à produire cette riche couleur cramoisi? Leurs services seraient bien déjà assez grands, répondit-elle; mais ne connaissez-vous pas l'alkermès dont ils sont la base?

> Oubliez-vous cette liqueur
> Qui ranime et qui fortifie,
> Et que sa bonté, sa douceur,
> Rendent égale à l'ambroisie?

Peut-on, lui dit encore mon ami, recueillir une grande quantité de ces animaux dans un jour? Une personne, reprit-elle, familiarisée avec ce travail, en obtient jusqu'à deux livres quand la moisson est copieuse, ce qui arrive toujours lorsque le printemps se passe sans gelées et sans brouillards.

Ce pays, ajoutai-je à mon tour, est sans doute le seul qui fournisse cette matière importante? En Pologne, répliqua-t-elle, on ramassait beaucoup autrefois, à la racine d'une plante [1] qui y croit abondamment, une espèce de ces insectes, que dans l'Ukraine, les femmes des Cosaques emploient à teindre leurs étoffes et à se farder le visage [2]; mais on en a négligé un peu la récolte difficile, depuis que le Nouveau-Monde fournit la véritable Cochenille.

---

[1] *Scleranthus perennis*, (Knavel vivace;) Linné.
[2] *Journal des voyages*, tom. 21, pag. 120.

Il faudrait sur ce sujet entendre causer celui de
qui je tiens tous ces détails,

> Monsieur Lucas, notre voisin,
> Savant et grave personnage,
> Avocat de notre village,
> Maître de grec et de latin
> Des jeunes gens du voisinage
> Et le premier chantre au lutrin.

Je lui ai cependant ouï si souvent donner ces détails, que je puis vous les répéter s'ils peuvent vous
être agréables; puis elle ajouta sans attendre notre
réponse : On connaît deux espèces de Cochenilles; la
sauvage, qui est la moins bonne, et la cultivée ou
Mestèque, ainsi appelée du nom de la province de
Honduras, où on la recueille principalement.

Ceux qui se livrent à ce genre d'industrie, ont
soin à l'approche de la saison des pluies, de transporter chez eux et d'y nourrir une certaine quantité
de femelles qu'ils destinent à perpétuer l'espèce :
puis vers le milieu d'octobre, au retour des beaux
jours dans ces contrées, ils déposent huit à dix de
ces insectes dans des *pastles* ou nids de mousse ou
de coton, qu'ils placent sur les Nopals, plantes sur
lesquelles doivent vivre les petits nombreux qui éclo-
sent peu de temps après.

On fait annuellement trois récoltes de ces graines
vivantes, et le produit qu'on en retire est une telle
source de richesses [1], que l'exportation de ces créa-

---

[1] Notice sur la province de Guatimala. — *Journal des voy.*, t. 31, p. 229.

tures était défendue sous peine de mort. Un Français cependant (M. Thierry de Ménonville), osa s'exposer à en transporter dans nos colonies et vit le succès couronner son entreprise.

> Mais pour le bien de sa patrie
> Lorsqu'il bravait les lois et leur sévérité,
> Il parvenait, au péril de sa vie,
> Au temple de mémoire et d'immortalité.

On a depuis tenté avec bonheur, à Malaga en Espagne, la culture de ces insectes.

Plusieurs autres Cochenilles méritent notre intérêt soit par les avantages que nous en retirons, soit par les dégâts qu'elles nous causent. Une de ces dernières connue sous le nom de *Morfea* [1] dans les provinces du midi, est un fléau pour les orangers; un autre dans les Indes, nuit à quelques figuiers [2]; mais elle produit cette matière résineuse connue sous le nom de Laque [3], employée dans les vernis et la cire à cacheter.

Tel est, messieurs, tout ce que je puis vous dire pour satisfaire votre curiosité; je regrette que vous ne puissiez entendre M. Lucas lui-même, il ajouterait sans doute à mes récits des détails plus instructifs.

Nous rendîmes grâces à cette femme de sa com-

---

[1] *Mémoire sur l'histoire des orangers dans le département des Alpes maritimes, par Risso. — Annales du museum*, tom. 20, pag. 401.

[2] *Ficus indica et religiosa.*

[3] Suivant Kerr. voy. *Transact. phil.* tom. 71, pag. 376.

plaisance, et nous primes congé d'elle, étonnés de ses connaissances.

Voilà, me dit mon ami, ce que l'on gagne à voyager; l'occasion de s'instruire s'offre à chaque pas. Enflammés, par cette aventure, du noble désir d'enrichir notre esprit, nous primes la résolution de parcourir le monde, après avoir séjourné quelque temps auprès de nos pénates:

Si cependant le bonheur le plus doux
Unissait à mon sort vos jeunes destinées,
　　Si je devais auprès de vous
Voir, au gré de mes vœux, s'écouler mes années,
De suite abandonnant ces projets incertains,
Je verrais se fixer mon humeur vagabonde
　　Et s'arrêter tous mes desseins;
　　Dans ma solitude profonde
　　Renonçant aux pays lointains,
　　Je bornerais tous mes voyages
A parcourir avec vous nos coteaux,
　　A m'égarer dans nos bocages
Ou sur les bords de nos ruisseaux.

Les Psylles [*]

Tarses de deux articles ; antennes de dix à onze pièces ; insectes sauteurs.

Caractères. Antennes filiformes, de dix à onze articles dont le dernier est terminé par deux soies. — Front comme fendu. — Mâles et femelles ailés. — Ailes semblables aux élytres. — Ventre orné de deux soies. — Tarses de deux articles.

Les larves ont ordinairement le corps aplati et le ventre arrondi par derrière ; elles sont quelquefois ainsi que dans l'état de nymphes, couvertes d'un duvet cotonneux disposé par flocons.

Les insectes parfaits pompent le suc des végétaux.

---

[*] Psylle, *Psylla* ; Geoffroy. (Ψύλλη, Puce; Aristote, lib. V, chap. 31, parce qu'elles sautent comme la Puce.) Ces insectes entrent dans la famille des *Aphidiens* (*Aphis*, Puceron;) de MM. Latreille et Lamarck ; dans celle des *Plantisuges* ou *Phytadelges* de M. Duméril.

Lettre Soixante-neuvième.

LES PSYLLES.

> Quel plaisir surpasse jamais
> Celui de s'occuper de celle que l'on aime ?
> On y rêve le jour, et dans le repos même,
> Quand d'un profond sommeil nous goûtons les bienfaits,
> Un songe, à notre ame ravie,
> Vient encor présenter les traits
> Et l'image de notre amie.

Je ne sais si l'occasion fréquente de vous écrire, si l'occupation que me donne la tâche de vous révéler les secrets de la nature, sont les seules causes de l'illusion qui vous offre à moi ; mais il m'arrive assez fréquemment pendant ces heures nocturnes où nous sommes éblouis par le prestige des songes, de vous voir assistant à nos jeux, partageant notre gaîté ou multipliant pour nous les délices de la promenade ; mais ce charme dont je jouis alors se dissipe, hélas! à mon réveil, et me fait souvent soupirer après les heures où j'étais si agréablement trompé.

> Aussi, que tourmentés par l'ambition même,
> D'autres, livrés sans cesse à d'avares travaux,
> Regrettent les instans perdus dans le repos,
> Moi qui , grâces à vous, goûte un bonheur extrême,
> Quand Morphée a sur nous versé tous ses pavots,
> Je bénis l'Eternel , dont la bonté suprême
> Nous donna le sommeil pour l'oubli de nos maux.

La nuit dernière , caressé par un de ces rêves dont la magie est si séduisante, j'errais avec vous dans un de ces chemins tapissés de verdure qui avoisinent votre paternelle demeure : soit habitude de vous entretenir des merveilles de l'Entomologie, soit que j'y fusse engagé par l'occasion qui se présentait, je vous faisais remarquer sous les feuilles des buis dont la route était bordée, quelques jeunes larves cachées dans leur concavité. Expliquez-moi donc, me disiez-vous , si ces insectes, aussi industrieux que Robinson, ont su se former, d'une feuille, une espèce de tente ou parapluie ; ou si la nature toujours protectrice des êtres faibles, a créé ces petites monstruosités pour les leur offrir en logement. C'est , repris-je aussitôt, la mère de ces jeunes Psylles qui , en suçant ces végétaux, a causé par sa piqûre l'extravasion des sucs de ces plantes, et a produit ces apparences de galles. Ce travail n'est pas perdu : les jeunes larves qui la remplacent sur la terre jouissent, au sortir de l'œuf, des avantages de ce recoquillement, et trouvent dans ces cachettes un abri sûr, et une nourriture sous leurs pas. Elles se gardent donc bien de quitter ces lieux pendant leur premier âge ; et lorsque devenues nymphes elles pressentent leur passage à un état plus brillant, elles se fixent à un rameau, font céder sous leurs efforts l'enveloppe qui voilait leur dernière forme, et en sortent pour habiter les airs.

Voyez, ajoutais-je, quelques-uns de ces individus qui viennent voltiger près de leur berceau ; tâchons de saisir dans leur vol un de ces êtres aëriens... A ces mots, je fis probablement un mouvement, et.... je m'éveillai.

Mais quand je me vis dans ma couche,
Quand je revins de mon erreur,
Votre nom était sur ma bouche
Et votre image dans mon cœur.

Les Pucerons *

Tarses de deux articles ; antennes de six à huit pièces ; ventre souvent terminé par deux cornes ou mamelons.

Caractères. Antennes de six à huit articles, non terminées par deux soies. — Yeux rarement échancrés. — Bec peu distinct chez quelques-uns. — Ailes le plus souvent inclinées, ovales ou triangulaires ; d'autrefois linéaires et couchées horizontalement sur le corps. — Corps parfois allongé , le plus souvent ovale. — Ventre chez quelques-uns flexible, sans appendices; mais chez le plus grand nombre peu mobile et pourvu de deux cornes ou deux mamelons.

Plusieurs sucent le nectar des fleurs ; les autres enfoncent leur bec dans les plantes pour en tirer le suc.

---

* Puceron , *Aphis ;* Linné. (Ἀφύη , nom d'un poisson dans *Aristote*, liv. VI, chap. 15 ; ἀφύω , tirer en puisant.) Ils entrent dans la famille des *Aphidiens* de MM. Latreille et Lamarck , et dans celle des *Plantisuges* ou *Phytadelges* de M. Duméril.

Lettre Soixante-dixième.

LES PUCERONS.

> Souvent votre sexe murmure
> Du sort heureux dont nous semblons jouir ;
> A l'entendre, on dirait que l'avare nature
> Pour nous seuls créa le plaisir,
> Et dans notre prééminence
> Renferma tous les dons capables d'embellir
> Ou de faire, du moins, supporter l'existence.

Telles sont, vous en conviendrez, les plaintes de quelques dames, qui ont sans doute d'excellentes raisons pour être mécontentes de la supériorité qui nous a été accordée ; je veux donc pour les réconcilier avec la nature et leur prouver qu'elle ne vous traita pas toujours en marâtre, vous faire connaitre une nation chez laquelle les femmes doivent être bien heureuses, puisqu'elles sont presque toujours libres de la dépendance de notre sexe.

Ne croyez pas que j'aille vous conduire sur le rivage du golfe de Lajazzo, peuplé par les compagnes d'Oronthée; ni vous transporter sur les bords de la mer d'Hircanie, et vous montrer ces amazones guerrières qui mettaient à mort leurs enfans mâles, pour n'avoir pas à souffrir dans la suite l'esclavage d'un époux; la tribu dont je veux vous entretenir est bien plus extraordinaire encore, puisqu'on voit s'écouler jusqu'à treize générations, peut-être même davantage, sans qu'il paraisse, dans tout le pays, l'ombre d'un être masculin.

Quels lieux, allez-vous vous écrier, peuvent cacher ce peuple étonnant? Quels lieux, Julie? — Vos champs et votre jardin. Pour me disculper de suite du reproche que vous seriez tentée de m'adresser, d'ajouter du merveilleux à l'histoire de ces êtres singuliers, qui ne sont autres que des Pucerons, je me hâte de vous citer pour garants de la véracité de mes récits, Réaumur [1], Bonnet [2], Lyonnet [3] et MM. Duveau [4] et Kittel [5], tous gens très-méfians, véritables

---

[1] *Mémoires, pour servir à l'hist. des ins.*, t. 3, p. 329 et suiv.

[2] *Traité d'insectologie*, t. 1, p. 101, etc.

[3] *Théologie des insectes* de Lesser *avec des remarques* du P. Lyonnet, tom. I, pag. 56 et suiv.

[4] *Mémoires du mus. d'hist. nat.* — *Annales de la Société Linnéenne de Paris.* 1825.

[5] *Annales de la Société Linnéenne.* 1826.

Thomas pour l'incrédulité, ne se décidant à croire qu'après avoir vu de leurs propres yeux. Voici donc ce qu'en disent ces savans.

Lorsqu'au retour des zéphirs, les jeunes Pucerons vivifiés par la chaleur printanière, percent la coquille des œufs où ils étaient enfermés, il arrive, par un hasard singulier, qu'il ne se trouve jamais un seul mâle parmi tous ces nouveaux-nés. Ce fait vous semblera sans doute surprenant; mais ce qui est bien plus extraordinaire encore, c'est de voir ces femelles, sans connaitre l'hymen, produire au bout de quelques temps des petits vivans, également tous femelles, et qu'il peut y avoir au moins treize générations semblables sans qu'il paraisse seulement un avorton de race masculine.

Comme il est difficile de croire à de semblables prodiges sans des preuves bien convaincantes, je vais vous rapporter les expériences réitérées faites par les observateurs déjà nommés.

On a pris, à sa naissance, un Puceron qu'on a porté sur une plante trempée dans un vase plein d'eau, et sur laquelle on s'était assuré qu'il n'existait aucun insecte de cette famille. Pour plus grande sûreté, cette tige a été couverte d'un bocal, de crainte qu'un étranger ne vint furtivement visiter la petite solitaire. Malgré ses soins, dès que cette jeune puceronne ainsi séquestrée a eu pris tous ses développemens, elle a mis au jour une lignée de petits de son sexe. On a séparé de nouveau un de ces indi-

vidus à son arrivée dans le monde ; on a usé à son
égard des mêmes précautions dont on s'était servi
pour cloîtrer sa mère, et cependant il n'a fallu que
quelques jours pour lui voir donner des preuves non
équivoques de fécondité. La même expérience con-
tinuée ainsi plusieurs fois avec le même résultat,
semblait devoir convaincre nos savans que ces insectes étaient tous naturellement femelles, lorsqu'à
l'approche de l'automne, ils aperçurent des mâles
que l'hymen rendit bientôt les époux des jeunes pu-
ceronnes, nées comme eux dans la dernière portée.
Ces dernières, à quelque temps de là, devinrent
mères à leur tour ; mais au lieu de donner le jour à
des petits, que les rigueurs de l'hiver auraient in-
failliblement fait périr, elles déposèrent des œufs,
qui produisirent, dès le printemps, de nouveaux
Pucerons uniquement femelles, qui se reperpétuè-
rent aussi sans hymenée jusqu'au retour de la saison
brumeuse qui précède l'arrivée des frimats.

Tout extraordinaires que paraissent ces faits, ils
sont trop authentiquement constatés, pour être ré-
voqués en doute : il n'en reste pas moins difficile à
expliquer comment, dans cette famille, les mâles ne
peuvent pas naître à toutes les époques. Plusieurs
entomologistes ont cherché, dans l'influence de l'atmosphère, la résolution de ce problème ; je suis
étonné que quelques-uns de ces philosophes n'aient
pas songé à la lune : ne doit-elle pas avoir sur ces faibles créatures autant de puissance que sur l'espèce
humaine ? Car suivant ces messieurs

Cet astre, sur notre naissance,
Sur notre raison, notre esprit,
Exerce une telle influence,
Qu'on est sot, qu'on est érudit,
Qu'on est rempli de suffisance
Suivant l'instant où l'on naquit.
Ainsi, vous, mon aimable amie,
Vous, qui nous semblez tous les jours
Plus parfaite et plus accomplie,
Si votre esprit est sans détours,
Votre figure si jolie;
Si vous offrez, à chaque instant,
Un esprit solide et brillant
Rehaussé par la modestie ;
Si vous montrez, en plus d'un point,
Une habileté peu commune,
Vous ne devez, n'en doutez point,
En rendre grâces qu'à la lune.

En attendant qu'on s'assure d'une manière plus positive du pouvoir étendu qu'on prête à ce globe, revenons à nos Pucerons; ils nous offriront bien d'autres particularités capables de nous intéresser.

Dès que l'embryon enfermé dans l'œuf est sorti de sa prison, il enfonce son bec dans les parties les plus tendres des végétaux, en tire continuellement le suc et le rend par l'anus en gouttelettes d'une liqueur sucrée, que les fourmis recherchent avec avidité. Nous verrons dans l'histoire de ces insectes constitués en république, comment ils parviennent à rendre les Pucerons leurs Ilotes, à les parquer comme de vils troupeaux, à en faire leurs vaches à lait, pour se gorger à toute heure de ce fluide mielleux dont ils sont si friands.

Les suceurs qui nous occupent retirent souvent plus d'un avantage à cribler les plantes de leurs piqûres ; les feuilles, en se recoquillant, leur offrent dans leurs cavités des logemens commodes où ils vivent en société, tandis que les blessures nombreuses qu'elles ont reçues, laissent découler une partie de la sève dont ils se nourrissent avec délices.

Outre ces moyens ingénieux qu'ils emploient pour se mettre à l'abri, la nature les couvre souvent de longs flocons de laine ou de coton pour les garantir de la froidure.

Le Puceron a besoin de se dépouiller plusieurs fois de sa peau, avant d'être insecte parfait ; dès qu'il a pris tout son accroissement, il se prépare à passer à l'état de nymphe, et choisit pour cette opération les crevasses d'une écorce, les plis d'une feuille ou quelque lieu analogue, et se construit un cocon irrégulier avec la soie qu'il tire de deux filières, en forme de tube, placées à l'extrémité de son ventre. Au sortir de cette retraite, il se remet bientôt à manger, jusqu'à ce qu'une nouvelle mue fasse développer ses organes du vol.

Ces insectes n'acquièrent cependant pas toujours des ailes ; il paraît qu'elles ne sont même pas essentielles aux femelles pour remplir leurs fonctions les plus importantes, puisque dans les printemps ou les étés froids, on voit ces petites créatures rester constamment à l'état d'aptères, et n'en être que plus promptement aptes à la reproduction de leur race.

J'ai cherché souvent à interroger la nature sur ce phénomène et à m'en rendre raison d'une manière satisfaisante; voici l'opinion qui m'a paru la plus plausible, parce qu'elle semble expliquer le mieux les intentions de la providence. Dans les années humides et pluvieuses, les graines des végétaux semées avec profusion sur le sol, y germent plus facilement et produisent une quantité de plantes qui menaceraient de couvrir la terre de leurs tiges souvent inutiles, si les Pucerons n'étaient chargés du soin de s'opposer à leur envahissement. Admirez, en effet, que dans ces temps défavorables où la plupart des autres insectes, incommodés par l'intempérie, périssent ou arrivent difficilement à leur état parfait, ceux qui nous occupent reçoivent une vitalité plus grande, sont en état de reproduire leur espèce sans supporter les longueurs des métamorphoses, et se propagent ainsi avec une activité proportionnée à l'accroissement des végétaux, pour détourner les sucs qui les alimentent, paralyser plusieurs de leurs parties, faire avorter leurs fleurs, et réfréner enfin leur trop abondante reproduction.

La nature toujours admirable dans ses œuvres, n'a cependant pas entièrement sacrifié à leur voracité les récoltes et les fruits des malheureux colons; elle a donné aux Pucerons, dans les larves des Coccinelles, des Hémerobes et de plusieurs autres insectes, des ennemis dangereux qui leur font payer avec usure les dommages qu'ils nous causent.

Si vous étiez rapprochée de nous, j'aurais souvent l'occasion de vous montrer ces larves étrangères, vivant au milieu de ces familles stupides, et semblables à des loups voraces emportant à chaque instant à la bouche et la tête haute quelques-uns de ces imbécilles, qui, par un aveuglement fatal, voient le sort qu'éprouvent leurs frères, sans fuir eux-mêmes le péril qui les menace.

Adieu, Julie : cette lettre est la dernière que vous recevrez de moi cette année. Les oiseaux fuient nos bosquets qui se dépouillent de leur verte chevelure, et les insectes disparaissent de nos champs avec les derniers jours de l'automne.

> La babillarde sauterelle
> Perchée au sommet d'un buisson,
> Comme une bruyante crécelle
> N'éternise plus sa chanson.
> Le timide et léger grillon
> Ne vient plus, caché sous l'herbette,
> Unir son aigre carillon
> Aux sons joyeux de la musette ;
> On ne voit plus le papillon,
> Dans nos campagnes attristées,
> Refléter sur son corps vermeil
> Et sur ses ailes marquetées
> Les feux éclatans du soleil.
> Nos bois déjà sont sans parure,
> Des prés les gazons sont flétris ;
> Or, comment chanter la nature
> Lorsque ses charmes dépéris
> Des autans supportent l'injure ?
> Comment parcourir nos cantons,
> Lorsqu'arrivé de la Norwége

Sur les ailes des aquilons,
Le sombre hiver qui nous assiège
Etend, au loin, sur nos vallons
Des tapis de glace et de neige?
Adieu donc charmans passe-tems,
Occupation si chérie,
Qui, de l'absence de Julie,
Me consoliez quelques momens!
Jusqu'à la saison printanière,
Ma muse triste et casanière
N'enchantera plus mes loisirs;
Mais dès que les tièdes zéphirs
Feront renaître la verdure,
Le doux réveil de la nature
Sera celui de mes plaisirs!

NOTES.

Lettre Trente-quatrième.

LES TÉNÉBRIONS.

Cette nombreuse famille peut être réduite aux genres suivans :

- **Élytres**
  - **Soudées; ailes nulles.**
    - **Abdomen ovoïde, rétréci à sa base,**
      - Dernier article des antennes sensiblement plus long que le précédent . . . . 1. SCAURE.
      - **Dernier article des antennes plus petit ou de la même longueur que le précédent.**
        - Corps anguleux . . . . 2. AKIS.
        - **Corps non anguleux,**
          - Étroit, allongé; base des mâchoires découverte 3. TAGÉNIE.
          - Ovale; base des mâchoires couverte . . . . 4. PIMÉLIE.
    - **Abdomen point notablement rétréci à sa base.**
      - Base des mâchoires recouverte par un menton . . . . 5. ASIDE.
      - **Base des mâchoires découverte,**
        - Tarses semblables; élytres prolongées . . . . 6. BLAPS.
        - Tarses antérieurs, souvent élargis, subtriangulaires; élytres sans prolongement . . . . 7. PÉDINE.
  - **Libres, recouvrant des ailes.**
    - **Antennes de 11 articles; corselet aussi large que la base des élytres.**
      - Corps ovale . . . . 8. OPATRE.
      - Corps allongé . . . . 9. TÉNÉBRION.
    - Antennes de 10 articles, velues; corps allongé 10. SARROTRIE.

1.er Genre.

SCAURE [1], *Scaurus*. Fabricius.

Élytres soudées; ailes nulles; abdomen ovoïde, rétréci à sa base; dernier article des antennes sensiblement plus long que le précédent.

1. STRIÉ; *S. Striatus.*

Noir; élytres ornées de trois lignes élevées; jambes antérieures dentées.

Latreille, tom. 10, n° 1, pag. 275, pl. 88, f. 2.

Les intervalles des stries sont lisses.

Midi de la France.

2.me Genre.

AKIS [2], *Akis*. Herbst.

Élytres soudées; ailes nulles; abdomen ovoïde, rétréci à sa base; dernier article des antennes plus petit ou de la même longueur que le précédent; corps anguleux.

1. A. RÉFLÉCHI; *A. Reflexus.*

D'un noir brillant; élytres ornées de tubercules le long du rebord extérieur.

Lat., tom. 10, pag. 268, n° 3, pl. 87, f. 6.

Le corselet est très-épineux postérieurement.

Midi de la France.

2. A. ACUMINÉ; *A. Acuminatus.*

Noir; élytres unies.

Lat., tom. 10, pag. 268, n° 2.

---

[1] Étym. Σκαῦρος, qui a les talons saillans; parce qu'ils ont les pattes antérieures plus grosses.

[2] Ἄκις, pointe, dard; leur ventre étant lancéolé.

Oliv., Ent. 3, 59, pag. 24, n° 33.

Le corselet est relevé sur les côtés, et fortement épineux aux angles postérieurs.

Provinces méridionales de la France.

3me Genre.

TAGÉNIE [1], *Tagenia*. Latreille.

Élytres soudées; ailes nulles; abdomen rétréci à sa base; dernier article des antennes moins long que le précédent; corps étroit, allongé.

1. T. FILIFORME; *T. Filiformis.*

Noire; antennes et pattes brunes; élytres ornées de rangées de points.

Lat., tom. 10, pag. 272, n° 1.

Le corselet est en carré-long.

Les provinces du midi de la France.

4me Genre.

PIMÉLIE [2], *Pimelia*. Fabricius.

Élytres soudées; ailes nulles; abdomen rétréci à sa base, plus large que le corselet; dernier article des antennes plus petit que les autres; corps ovale.

1. P. MURIQUÉE; *P. Muricata.*

Noire; élytres chagrinées, ornées de trois lignes élevées.

Lat., tom. 10, pag. 264, pl. 87, f. 5.

Geoffroy, tom. 1, p. 352, n° 4, *le Ténébrion cannelé.*

Elle a sept lignes de long. Le corselet est globuleux et les tarses glabres.

Principalement dans le midi de la France.

---

[1] Étym. Τάγγη, odeur de rance; γεννάω, j'engendre.

[2] Étym. πιμελὴς, gras; parce que leur corps est renflé.

5.me *Genre.*

ASIDE [1], *Asida*, Latreille.

Élytres soudées ; ailes nulles ; abdomen point notablement rétréci à sa base ; mâchoires recouvertes à leur base par un menton.

Ces insectes fréquentent les lieux sablonneux ; leurs pattes antérieures sont propres à fouir.

1. A. GRISE ; *A. Grisea.*

Cendrée ; élytres chargées de trois lignes élevées, irrégulières, ondées.

Lat., tom. 10, pag. 270, pl. 87, f. 8.
Geoff., tom. 1, p. 347, pl. 6, f. 6, *le Ténébrion ridé.*

Elle a cinq lignes de long. Sa couleur noire paraît cendrée, parce que son corps est toujours terreux.

Lyonnais.

6.me *Genre.*

BLAPS [2], *Blaps.* Fabricius.

Élytres soudées, prolongées ; ailes nulles ; abdomen point notablement rétréci à sa base ; base des mâchoires découvertes ; tarses semblables.

Ces insectes aiment les lieux humides, sont lucifuges et puans.

1. B. ANNONCE-MORT ; *B. Mortisaga.*

Noir ; corselet plan ; élytres prolongées, très-finement ponctuées.

Lat., tom. 10, pag. 278, pl. 88, f. 3.
Geoff., tom. 1, pag. 346, n° 1, *le Tén. lisse à prolongement.*

---

[1] Étym. Ἄσις, terre sèche ; à cause des lieux qu'elles préfèrent, ou parce qu'elles sont toujours terreuses.
[2] Étym. Βλάξ, paresseux ; à cause de leur démarche lente.

Il a dix lignes de long.

On le trouve dans toute la France.

2. B. Géant ; *B. Gigas.*

Noir, corselet convexe ; élytres très-lisses.

Lat., tom. 10, pag. 278 , n° 1.

Plus grand que le précédent.

Midi de la France.

7me Genre

PÉDINE [1], *Pedinus.* Latreille,

Ailes nulles ; abdomen point notablement rétréci à sa base ; base des mâchoires découverte ; tarses antérieurs seuvent élargis ; élytres sans prolongement.

Ces insectes habitent les lieux sablonneux.

1. P. Lisse ; *P. Glaber.*

Noir ; lisse ou finement ponctué ; jambes allongées, minces.

Lat. , tom. 10, pag. 280, n° 1.

Geoff., n° 8 , pag. 351 , *le T. noir-lisse.*

Il a trois lignes de long. Les élytres ont parfois des commencemens de stries peu marquées.

Toute la France ; dans les lieux arides.

2. P. Fémoral ; *P. Femoralis.*

Noir ; cuisses antérieures creusées en gouttière ; jambes triangulaires.

Lat. , tom. 10, pag. 282, n° 2, pl. 88, f. 4.

Il est plus grand que le précédent. Le bord antérieur de la tête est échancré ; les cuisses du mâle sont soyeuses.

Mêmes lieux.

---

[1] Étym. πεδινὸς , qui habite la plaine.

8ᵐᵉ Genre.

Opatre [1], *Opatrum.* Fabricius.

Élytres libres, recouvrant des ailes; antennes de onze articles; corselet aussi large que la base des étuis; corps ovale.

Ces insectes ressemblent aux Pédines, et se trouvent dans les mêmes lieux.

1. O. Sabuleux; *O. Sabulosum.*

Noir ou d'un gris terreux; élytres chargées de trois lignes élevées, dentelées.

Lat., tom. 10, pag. 286, n° 1, pl. 88, f. 5.
Geoff., tom. 1, n° 7, pag. 350, *le T. à stries dentelées.*

Il a trois lignes de long. Les lignes des élytres sont séparées par des rangées de petits tubercules qui font paraître ces lignes dentelées.

Dans toute la France. Commun dans les montagnes du Lyonnais.

2. O. Tibial; *O. Tibialis.*

Noir, ponctué; corselet orné de taches luisantes; élytres chagrinées.

Lat., tom. 10, n° 2, pag. 286.

Il est petit; les jambes antérieures sont triangulaires.
Dans le centre de la France.

9ᵐᵉ Genre.

Ténébrion [2], *Tenebrio.* Linné.

Élytres libres, recouvrant des ailes; antennes de onze articles; corselet aussi large que la base des élytres; corps allongé.

---

[1] Étymologie incertaine.
[2] Étym. *Tenebrio,* qui fuit la lumière.

On les trouve dans les lieux retirés des maisons.

1. T. Meunier ; *T. Molitor.*

Oblong ; d'un brun marron ; élytres striées.

Lat., tom. 10, pag. 295, n° 2, pl. 88, f. 6.

Geoff., tom. 1, pag. 349, n° 6, *le T. à neuf stries lisses.*

Il a sept lignes de longueur. Sa couleur est plus foncée en dessus qu'en dessous.

On le trouve dans toute la France, principalement chez les boulangers.

2. T. Obscur ; *T. Obscurus.*

D'un noir mat ; élytres striées.

Lat., tom. 10, pag. 295, n° 1.

A la couleur près, semblable au précédent, dont il n'est peut-être qu'une variété.

Lyonnais.

10me *Genre.*

Sarrotrie [1], *Sarrotrium.* Illiger.

Élytres libres, recouvrant des ailes ; antennes de dix articles, velues ; corps allongé.

1. S. Hirticorne ; *S. Hirticorne.*

D'un noir terreux ; trois lignes élevées sur chaque élytre, séparées par deux rangées de points enfoncés.

Lat., tom. 10, pag. 299.

De Géer, tom. 5, pag. 47, pl. 3, f. 1, *le T. à antennes velues.*

Il a deux lignes de longueur. La massue des antennes est très-noire.

Dans les lieux sablonneux ; mais rare.

---

[1] Étym. Σάρωθρον, balais ; à cause de la forme de leurs antennes velues.

Lettre Trente-cinquième.

LES DIAPÈRES.

Se divisent ainsi :

Antennes cachées à leur insertion sous les bords avancés de la tête. Antennes droites.	Corps ovale, souvent bombé . . 1.	DIAPÈRE.
	Corps linéaire . . . . 2.	HYPOPHLÉE.
	Antennes arquées . . . . 3.	BOLÉTOPHAGE.
Antennes découvertes à leur base . . . . 4.		TÉTRATOME.

1er Genre.

DIAPÈRE [1], *Diaperis.* Geoffroy.

Antennes droites, cachées à leur insertion sous les bords avancés de la tête; corps bombé.

A. *Jambes élargies, propres à fouir.*

1. D. APHODIOÏDE ; *D. Aphodioïdes.*

Marron ; élytres striées ; corps très-convexe.

Lamarck, Trachyscèle, tom. 4, pag. 391.

Midi de la France.

2. D. CULINAIRE ; *D. Culinaris.*

Corps déprimé, marron ; huit stries sur les élytres.

Lat., tom. 10, pag. 302, pl. 89, f. 3.

La tête et le corselet ont une impression marquée. L'un des sexes a deux petits tubercules sur le corselet. Les jambes sont dentelées.

Sous les écorces, dans les parties montagneuses de la France. Rare.

---

[1] Διὰ , au travers; πείρω , je perce.

B. Jambes grêles.

3. D. Du Bolet; *D. Boleti.*

Noire ; trois bandes jaunes sur les élytres.

Lat., tom. 10, pag. 307, n° 1, pl. 89, f. 2.

Geoff., tom. 1, pag. 337, pl. 6, f. 3.

Elle a environ trois lignes de long. Les élytres sont striées longitudinalement par des points.

4. D. Bituberculée; *D. Bituberculata.*

D'un brun marron ; deux tubercules sur la tête ; antennes et pattes jaunâtres.

Lat., tom. 10, pag. 309, n° 7.

Elle a une ligne de long.

Aux environs de Paris et de Lyon.

2.me *Genre.*

HYPOPHLÉE [1], *Hypophlæus*. Fabricius.

Antennes droites, cachées, à leur insertion, sous les bords avancés de la tête ; corps linéaire.

1. H. Bicolor; *H. Bicolor.*

Fauve ; élytres noires, traversées à leur base par une bande fauve.

Lat., tom. 10, pag. 311, n° 6.

Sous les écorces.

2. H. Marron; *H. Castaneus.*

De couleur marron ; antennes noires.

Lat., tom, 10, pag. 310, n° 1.

Il est luisant. Les élytres ont des petits points rangés presque en stries.

Lyonnais.

---

[1] Étym. ὑπὸ, sous; φλοιός, écorce.

3. H. Déprimé ; *H. Depressus.*

Tout ferrugineux.

Lat., tom. 10, pag. 311, n° 5.

Les élytres ont des stries à peine marquées.

Lyonnais.

3me *Genre.*

BOLÉTOPHAGE [1], *Bolitophagus.* Illiger.

Antennes arquées, cachées à leur insertion sous les bords avancés de la tête.

1. B. Des Agarics ; *B. Agaricola.*

Noirâtre ; pattes et antennes presque fauves.

Lat., tom. 10, pag. 313, n° 4.

Il est petit. Le corselet est finement chagriné ; les élytres ont huit lignes élevées séparées par un point enfoncé.

Dans les champignons.

4me *Genre.*

TÉTRATOME [2], *Tetratoma.* Herbst.

Antennes découvertes à leur base.

A. *Massue de cinq articles.*

1. T. Jaunatre ; *T. Flavescens.*

Jaune ; massue des antennes obscure.

Lat., tom. 10, pag. 318, n° 6.

Elle n'a qu'une ligne de long. Les élytres ont des lignes formées par des points enfoncés.

---

[1] Étym. Βολίτας, Bolet ; φαγῶ, je mange.

[2] Étym. τετρα, quatre ; τομχ, section. Parce que les espèces qui ont servi de type à ce genre, ont la massue des antennes de quatre articles.

B. Massue des antennes de quatre articles.

2. T. DES CHAMPIGNONS ; *T. Fungorum.*

D'un rouge fauve ; tête et élytres noires.

Lat. , tom. 10, pag. 315, n° 1, pl. 89, f. 4.

La couleur des élytres tire sur le bleu.

Lyonnais.

3. T. DE DESMARETS ; *T. Desmaretsii.*

Tête , corselet et élytres d'un vert cuivreux brillant.

Lamarck , tom. 4 , pag. 387, n° 2.

Nord de la France.

C. Massue des antennes de trois articles.

4. T. LUISANTE ; *T. Micans.*

De couleur marron, plus claire en dessous.

Lamarck, orchesie , tom. 4, pag. 386.

Le corps est lisse et luisant ; les jambes postérieures
sont épineuses.

Dans les bolets.

Lettre Trente-sixième.

LES CISTÉLES.

Se partagent de la manière suivante :

Tarses antérieurs	Ayant le pénultième article bilobé ; corps subcylindrique. . . . . 1.	SERROPALPE.
	entiers. { Yeux entiers ; corselet aussi large que long . . . 2.	HÉLOPS.
	{ Yeux échancrés ; corselet rétréci en devant . . 3.	CISTÈLE.

1er Genre.

SERROPALPE [1], *Serropalpus*, Helwig.

Tarses antérieurs ayant le pénultième article bilobé; corps subcylindrique allongé.

1. S. STRIÉ; *S. Striatus.*

D'un brun soyeux; élytres chargées de quelques apparences de stries.

Lat., tom. 10, pag. 340.

Il a sept à huit lignes de long. Plusieurs parties de son corps sont plus claires.

Dans les bois de France; mais rare.

2me Genre.

HÉLOPS [2], *Helops*, Fabricius.

Tarses antérieurs entiers; yeux entiers; corselet aussi large que long.

1. H. LANIPÈDE; *H. Lanipes.*

Bronzé cuivreux; corps allongé; élytres striées; abdomen pointu.

Lat., tom. 10, pag. 345.

Geoff., tom. 1, pag. 348, n° 5, *le Ténébrion bronzé.*

Il a six lignes de longueur. La tête et le corselet sont ponctués et moins luisans que les élytres. Les quatre premiers articles des tarses sont garnis de poils.

Lyonnais.

---

[1] Étym. *serra*, scie; *palpus*, palpe; leurs palpes maxillaires sont dentés en scie.

[2] Ἔλλοψ, nom employé par Aristote, liv. 2, ch. 13, pour désigner un poisson.

2. H. Strié; *H. Striatus.*

D'un brun bronzé; antennes et pattes presque fauves.

Lat., tom. 10, pag. 346, n° 2.

Geoff., tom. 1, pag. 349, n° 4, *le Ténébrion à huit stries lisses.*

Il a quatre lignes de long. Les élytres ont huit stries formées par des points. Les articles des tarses sont soyeux.

Lyonnais. Sous les écorces.

3. H. Barbu; *H. Barbatus.*

Noir; base et extrémité des antennes et pattes fauves; élytres striées.

Lat., tom. 10, pag. 348, n° 7.

Il est petit, finement pubescent; le corselet a trois petites impressions vers le bord postérieur.

Lyonnais.

4. H. Quadrimaculé; *H. Quadrimaculatus.*

Noir, luisant; élytres striées, ornées chacune de deux taches rousses.

Lat., tom. 10, pag. 349, n° 8.

Semblable au précédent. Les stries sont nombreuses et formées par des points.

Sous l'écorce des noyers.

3ᵉ Genre.

Cistèle, *Cistela.* Fabricius.

Tarses antérieurs entiers; yeux échancrés; corselet rétréci en devant.

1. C. Soufrée; *C. Sulphurea.*

D'un jaune de soufre; yeux et antennes noirs.

Lat., tom. 11, pag. 19.

Geoff., tom. 1, pag. 351, n° 11, *le Ténébrion jaune.*

Elle a quatre lignes de long. Les étuis sont faiblement striés.

Lyonnais. Sur les fleurs, surtout les ombellifères.

2. C. Céramboïde; *C. Ceramboides.*

Noire; élytres striées, d'un jaune roussâtre.

Lat., tom. 11, pag. 20, n° 6.

Geoff., t. 1, p. 354, n° 3, *la Mordelle à étuis jaunes striés.*

Elle a cinq lignes de long. Les antennes sont en scie.
Dans les bois du Lyonnais.

3. C. Lepturoïde; *C. Lepturoïdes.*

Noire, pubescente; élytres marron, très-pointillées.

Lat., tom. 11, pag. 19, n° 1.

Les stries sont peu marquées.

Lyonnais. Sur les blés.

4. C. Rufipède; *C. Rufipes.*

D'un noir verdâtre en dessus, brune en dessous; antennes et pattes fauves.

Lat., tom. 11, pag. 21, n° 9.

Elle est veloutée. Les élytres sont finement pointillées; mais sans stries.

Lyonnais.

Lettre Trente-septième.

LES ŒDÉMÈRES.

Les insectes compris dans les autres genres formés aux dépens de cette famille, n'habitent pas la France.

A. *Élytres entr'ouvertes dans la moitié de leur longueur.*

1. Œ. Bleue; *Œ. Cærulea.*

D'un vert bleuâtre; cuisses postérieures courbes et renflées.
Lat., tom. 11, pag. 14, n° 16.
Geoff., t. 1, p. 342, n° 3, *la Cantharide verte à grosses cuisses.*
Elle a quatre lignes de long.
Lyonnais. Sur les plantes.

2. OE. Simple; *OE. Simplex.*

Noire; corselet et élytres jaunâtres, soyeux; cuisses simples.
Lat., tom. 11, pag. 14, n° 17.
Geoff., tom. 1, pag. 343, n° 5, *la Cantharide jaune veloutée.*
Les étuis ont une nervure longitudinale et le commencement d'une seconde.
Lyonnais.

3. OE. Goutteuse; *OE. Podagraria.*

Noire; élytres jaunâtres; cuisses postérieures renflées.
Lat., tom. 11, pag. 15, n° 18.
Geoff., t. 1, p. 443, n° 4, *la Cantharide fauve à grosses cuisses.*
Elle a quatre lignes de long. Ses pattes sont fauves, excepté les genoux et les tarses des postérieurs.
Lyonnais.

B. *Élytres n'étant pas entr'ouvertes dans la moitié de leur longueur.*

4. OE. Ruficolle; *OE. Ruficollis.*

D'un vert bronzé; corselet et ventre fauves.
Lat., tom. 11, pag. 8, n° 3.
Les antennes et les pattes sont noires; les élytres ont deux nervures et le commencement d'une troisième.
Midi de la France.

5. OE. Sanguinicolle; *OE. Sanguinicollis.*

Noire; corselet d'un rouge pâle, marqué de trois points enfoncés.

Lat., tom. 11, pag. 8, n° 4.

La base des antennes est fauve. Les élytres sont pointillées et ornées de trois nervures.

Lyonnais.

6. OE. Bleuatre; *OE. Cærulescens.*

D'un bleu verdâtre ou bronzé; élytres chargées de quatre lignes élevées.

Lat., tom. 11, pag. 10, n° 9.

Elle a quatre lignes de longueur. Les antennes sont noires. Le corselet est inégal.

Lyonnais.

Lettre Trente-huitième.

LES MORDELLES.

Forment trois genres :

Pénultième article bilobé.	Aux quatre tarses antérieurs; antennes en masse alongée . . . . 1. ANASPE.	
	À aucun tarse; é-cusson.	Existant; antennes des mâles en scie . . . 2. MORDELLE.
		Nul ou peu apparent; antennes des mâles en peigne ou en éventail . . . . 3. RHIPIPHORE.

1ᵉʳ Genre.

ANASPE [1], *Anaspis.* Geoffroy.

Pénultième article des quatre tarses antérieurs bilobé; antennes en masse alongée.

---

[1] Étym. A, privatif; A'σπὶς, écusson.

1. A. Humérale; *A. Humeralis.*

Noire ; base des élytres jaune.

Lat., tom. 10, pag. 418, n° 3.

Geoff., tom. 1, pag. 316, n° 2, *l'A. à taches jaunes.*

Elle est longue d'une ligne et demie.

On la trouve sur les fleurs.

2. A. Ruficolle; *A. Ruficollis.*

Noire ; corselet et cuisses jaunes.

Lat., tom. 10, pag. 419, n° 5.

Geoff., tom. 1., pag. 317, n° 3, *l'A. à corselet jaune.*

Elle a une ligne de long.

Lyonnais.

3. A. Frontale; *A. Frontalis.*

Noire ; la face de la tête, la base des antennes et les pattes fauves.

Lat., tom. 10, pag. 418, n° 2.

Geoff., tom. 1, pag. 316, n° 1, *l'A. noire.*

Cette espèce n'offre quelquefois du fauve dans aucune partie.

Lyonnais.

2.me *Genre.*

Mordelle, *Mordella.* Linné.

Aucun pénultième article des tarses bilobé; écusson existant; antennes des mâles en scie.

1. M. a Pointe; *M. Aculeata.*

Toute noire ; ventre prolongé en pointe.

Lat., tom. 10, pag. 414, n° 1.

Geoff., tom. 1, pag. 353, n° 1, *la M. noire à pointe.*

Elle a deux lignes de long.

Lyonnais.

2. M. FASCIÉE; *M. Fasciata.*

Noire; deux bandes jaunâtres sur les étuis.

Lat., tom. 10, pag. 415, n° 2.

Geoff., pag. 354, n° 2, *la M. veloutée à pointe.*

Le dessous du corps est velouté et paraît doré vu à un certain jour.

Lyonnais.

3me Genre.

RHIPIPHORE [1], *Rhipiphorus.* Fabricius.

Tous les tarses à articles entiers; écusson nul ou peu apparent; antennes des mâles en peigne ou en éventail.

1. R. SUBDIPTÈRE; *R. Subdipterus.*

Élytres très-courtes, voutées, d'un jaune pâle.

Lat., tom. 10, pag. 410, n° 1.

Aux environs de Montpellier.

Lettre Trente-neuvième.

LES PYROCHRES.

1. P. CARDINALE; *P. Rubens.*

Noire; tête, corselet et élytres sanguins.

Lat., tom. 10, pag. 361, n° 3.

Geoff., tom. 1, pag. 338, pl. 6, f. 4, *la Cardinale.*

Dans les haies.

Lyonnais.

---

[1] Ριπὶς, éventail; φορος, porteur.

2. P. Écarlate ; *P. Coccinea.*

Tête et écusson noirs ; élytres et corselet sanguins.

Lat., tom. 10, pag. 360, n° 1.

Le dessous du corps est noir.

Lyonnais.

Lettre Quarantième.

LES NOTOXES.

A. *Antennes filiformes, insérées dans une échancrure des yeux.*

1. N. Brun ; *N. Fuscus.*

Brun ; élytres et pattes plus claires.

Lamarck, Scraptie, tom. 4, pag. 421.

Long de deux lignes et demie ; élytres et corselet couverts d'un duvet court, de couleur noirâtre.

Dans les prés.

B. *Antennes libres, grossissant insensiblement.*

2. N. Unicorne ; *N. Monoceros.*

*Rougeâtre ; élytres ornées d'un point et d'une bande noirs ;
corselet cornu.*

Lat., tom. 10, pag. 353, n° 1.

Geoff., tom. 1, pag. 356, pl. 6, f. 8, *la Cuculle.*

Il a deux lignes de long ; la tête est noire ; les élytres
sont finement pointillées.

Il est rare dans les montagnes du Lyonnais.

3. N. Rhinocéros ; *N. Rhinoceros.*

Testacé ; élytres noires ; corselet cornu.

Lat., tom. 10, pag. 354, n° 4.

Long d'une ligne. Le rebord des élytres est pâle; la poitrine et le ventre sont noirs.

Midi de la France.

4. N. Anthébin; *N. Antherinus.*

Noir; deux bandes ferrugineuses sur les étuis; corselet arrondi.

Lat., tom. 10, pag. 355, n° 6.

Il a une ligne et demie de longeur.

Lyonnais.

Lettre Quarante-unième.

LES LAGRIES.

1. L. Hérissée; *L. Hirta.*

Noire, hérissée; élytres d'un jaune pâle, et velues.

Lat., tom. 10, pag. 351, n° 1.

Geoff., tom. 1, pag. 344, n° 6, *la Cantharide noire à étuis jaunes.*

Elle a quatre lignes de long.

Lyonnais. Dans les haies et dans les bois.

2. L. Pubescente; *L. Pubescens.*

Noire, hérissée; élytres jaunâtres et glabres.

Lat., tom. 10, pag. 351, n° 2.

Le corselet a un reflet fauve et un léger sillon dans son milieu.

Midi de la France.

Lettre Quarante-deuxième.

LES CANTHARIDES.

Se divisent ainsi :

En fuseau ou massue	Irrégulières, à dernier article très-grand; corps déprimé, métallique. . . . . 1. Cérocome.	
	Régulières, guère plus longues que le corselet; corps subcylindrique, non métallique. . . . . 2. Mylabre.	
Filiformes	Élytres couvrant à peine la moitié du ventre; ailes nulles. . . . . 3. Méloé.	
	Élytres plus longues que le ventre; tête en cœur . . 4. Cantharide.	
Sétacées	Presqu'aussi longues que le corps; étuis non rétrécis. 5. Zonite.	
	De la moitié du corps; étuis rétrécis à l'extrémité . 6. Apale.	

1ᵉʳ Genre.

Cérocome [1], *Cerocoma.* Geoffroy.

Antennes en masse, irrégulières, à dernier article très-grand; corps déprimé, métallique.

1. C. de shæffer: *C. Schæfferi.*

D'un vert doré; antennes et pattes fauves.

Lat., tom. 10, pag. 375, n° 1.

Geoff., tom. 1, pag. 358, pl. 6, f. 9, *la Cérocome.*

Elle a quatre lignes de long; le corselet a deux enfoncemens.

Midi de la France; assez rare près de Lyon.

---

[1] Étym. κερας, corne; κομη, chevelure; à cause de l'irrégularité de leurs antennes.

2. C. de Schreiber; *C. Schreiberi.*

D'un vert doré; antennes, pattes et parties antérieures du ventre, fauves.

Lat., tom. 10, pag. 376, n° 2.

Midi de la France.

2me *Genre.*

Mylabre [1], *Mylabris.* Fabricius.

Antennes en massue ou en fuseau, régulières, guère plus longues que le corselet; corps subcylindrique, non métallique; corselet plus étroit que les étuis.

1. M. de la Chicorée; *M. Cichorii.*

Noir; élytres orangées, ornées de trois bandes noires.

Lat., tom. 10, pag. 370, n° 4.

Les bandes sont ondées.

Dans le midi de la France; très-commun près de Beaucaire.

2. M. Dix points; *M. Decempunctata.*

Noir; élytres ornées chacune de cinq points.

Lat., tom. 10, pag. 369, n° 1.

Les Points sont rangés dans l'ordre suivant : deux à la base, deux au milieu, et une tache à l'extrémité.

Midi de la France.

3me *Genre.*

Méloé [1], *Meloe.* Linné.

Antennes filiformes; élytres couvrant à peine la moitié du ventre; ailes nulles; corps mou.

---

[1] Étymologie incertaine.
[2] *Idem.*

1. M. Proscarabée; *M. Proscarabæus.*

D'un bleu noirâtre, couvert de petits points; étuis fine-ment chagrinés.

Lat., tom. 10, pag. 387, n° 1.

Geoff., tom. 1, pag. 377, pl. 7, f. 4, *le Proscarabée.*

Les antennes des mâles sont irrégulièrement coudées.

Commun au printemps dans les montagnes du Lyonnais.

2. M. de Mai; *M. Majalis.*

D'un noir bleuâtre; anneaux du ventre d'un rouge cuivreux.

Lat., tom. 10, pag. 390, n° 6.

Les antennes sont régulières dans les deux sexes.

Lyonnais.

3. M. Automnal; *M. Automnalis.*

D'un bleu noirâtre; élytres parsemées de gros points en-foncés.

Lat., tom. 10, pag. 387, n° 2.

Beaucoup plus petit que le premier.

Lyonnais.

4. M. Cou-sillonné; *M. Sulcicollis.*

Noir, ponctué; corselet tracé par un sillon longitudinal profond.

Lat., tom. 10, pag. 391, n° 8.

Mâconnais.

4me Genre.

Cantharide, *Cantharis.* Geoffroy.

Antennes filiformes, plus longues que la tête et le corselet; tête en cœur; étuis de la longueur du ventre.

1. C. Vésicatoire; *C. Vesicatoria.*

D'un vert doré; antennes noires.

Lat., tom. 10, pag. 401, n° 1.

Geoff., tom. 1, pag. 341, pl. 6, f. 5, *la C. des boutiques*.

Le corselet a dans son milieu une ligne enfoncée et les étuis ont chacun deux nervures peu apparentes.

Sur le frêne, le lilas, etc.; très-rare dans les montagnes du Lyonnais.

2. C. Douteuse; *C. Dubia.*

Noire; vertex rougeâtre.

Encycl. méth., tom. 5, pag. 279, n° 14.

Midi de la France.

5me *Genre.*

Zonite [1], *Zonitis*. Fabricius.

Antennes sétacées; étuis non rétrécis, couvrant le ventre.

1. Z. Bout-brulé; *Z. Præusta.*

D'un rouge fauve; yeux, antennes, poitrine et extrémité des élytres noirs.

Lat., tom. 10, pag. 406, n° 3.

Tout le corps est pointillé. Les élytres sont couvertes d'un léger duvet.

Midi de la France.

2. Z. Sexmaculé; *Z. Sexmaculata.*

Noir; tête, corselet et élytres fauves, tachetés de noir.

Lat., tom. 10, pag. 405, n° 2.

Les yeux sont noirs. Les élytres ont, sur chaque, deux taches et l'extrémité noire.

Midi de la France.

---

[1] Étym. Ζωνῖτις, entouré de bandes.

6.me Genre.

APALE [1], *Apalus*. Olivier.

Antennes sétacées, plus longues que la moitié du corps ; étuis brusquement rétrécis à leur extrémité.

1. A. HUMÉRAL ; *A. Humeralis.*

Noir, pointillé ; élytres brunes, jaunes à leur base.

Lat., Sitaris, tom. 1, pag. 403, n° 1.

Geoff., tom. 1, pag. 342, n° 2, *la Cantharide à bande jaune.*

Elle a cinq lignes de long. Les élytres sont fortement rétrécies.

Lyonnais. Assez rare.

Lettre Quarante-troisième.

LES BRUCHES.

Se divisent de la manière suivante :

Tarses quadri-articulés ;	Antérieurs de cinq et les postérieurs de quatre articles. . 1. RHINOSIME.
	Tous les articles distincts, antennes filiformes. . . 2. BRUCHE.
	Les tarses intermédiaires peu distincts ; antennes en massue . . . . 3. ANTHRIBE.

---

1 Etym. Ἀπαλός, mou.

1ᵉʳ Genre.

RHINOSIME [1], *Rhinosimus.* Olivier.

Tarses antérieurs de cinq et les postérieurs de quatre articles.

1. R. DU CHÊNE; *R. Roboris.*

Bec, corselet et pieds roux; élytres noires bronzées.

Lat., tom. 11, pag. 26, n° 1.

Les étuis varient du noir bronzé au vert métallique.
Sur le chêne. Lyonnais.

2. R. QUADRIMACULÉ; *R. Quadrimaculatus.*

Brun; élytres ornées de deux taches pâles.

Encycl. méth., tom. 10, pag. 288, n° 1.

Il a une ligne et demie de longueur; les élytres ont des
stries formées de points.

2ᵐᵉ Genre.

BRUCHE, *Bruchus.* Linné.

Tarses quadriarticulés; tous les articles distincts, l'avant-dernier bilobé;
antennes filiformes.

1. B. DU POIS; *B. Pisi.*

*Élytres noires tachetées de blanc; extrémité du ventre
blanche avec deux points noirs.*

Lat., tom. 11, pag. 43, n° 1.

Geoff., tom. 1, pag. 267, pl. 4, f. 9, *le Mylabre à croix
blanche.*

Elle a deux lignes de long. Les cuisses postérieures sont
armées d'une dent.

---

[1] Étym. Ῥινόσιμος, qui a le nez camus. Leur museau était plat.

Dans toute la France.

2. B. des Semences; *B. Seminarius.*

Noire; base des antennes et jambes antérieures rougeâtres.

Lat., tom. 11, pag. 44, n° 3.

Elle a une ligne de long. Les cuisses postérieures sont renflées.

Lyonnais.

2. B. Velue; *B. Villosus.*

Noire; couverte d'un duvet cendré; cou distinct.

Lat., tom. 11, pag. 45, n° 6.

Les élytres sont striées. Les cuisses sont simples.

4. B. du Ciste; *B. Cisti.*

Noire; couverte d'un duvet cendré; point de cou distinct.

Lat., tom. 11, pag. 48, n° 14.

Dans toute la France.

5. B. Marginale; *B. Marginalis.*

Noire; bords du corselet, écusson, et disque des élytres gris.

Lat., tom. 11, pag. 46, n° 9.

La partie grise des élytres est ornée de deux points noirs.

Lyonnais. Dans les grains de l'astragale.

3.me Genre.

Anthribe [1], *Anthribus.* Geoffroy.

Tarses quadriarticulés; les intermédiaires peu distincts; antennes en masse.

1. A. Rhinomacer; *A. Rhinomacer.*

---

[1] Étym. ανθος, fleur; τρίβω, je détruis.

D'un noir verdâtre velu ; antennes et pieds fauves.

Lat., tom. 11, pag. 36, n° 5.

Rhinomacer Attalaboïde, Enc. méth., tom. X, pag. 287, n° 2.

Dans les lieux plantés de pins.

2. A. Latirostre; *A. Latirostris.*

Bec large; étuis blancs au sommet et ornés de deux points noirs.

Lat., tom. 11, pag. 34, n° 2.

Geoff., tom. 1, pag. 307, n° 3, pl. 5, f. 2, *l'A. noir strié.*

Il a six lignes de long. La poitrine et le dessous du ventre sont gris. Les élytres ont quelques côtes peu élevées.

Lyonnais.

3. A. Raboteux; *A. Scabrosus.*

Noir; élytres striées, marbrées de rouge et de noir.

Lat., tom. 11, pag. 36, n° 6.

Geoff., tom. 1, pag. 306, n° 1, *l'A. marbré.*

Il n'a que deux lignes de long. Il est couvert d'un léger duvet gris. Le dessous du ventre est noir, varié d'un peu de rouge.

Lyonnais.

4. A. Varié; *A. Varius.*

Velu; varié de noir et de cendré.

Lat., tom. 11, pag. 37, n° 7.

Geoff., tom. 1, pag. 307, n° 2, *l'A. minime.*

De la grandeur du précédent; il est large ; les étuis sont striés.

Lyonnais.

Lettre Quarante-troisième.

LES ATTELABES.

Forment les genres suivans :

<table>
<tr><td rowspan="3">Tête</td><td></td><td>Rétrécie postérieurement, portée sur un col; massue des antennes de quatre articles. . . . . 1.</td><td>APODÈRE.</td></tr>
<tr><td rowspan="2">Tête sessile ; massue des antennes de trois articles;</td><td>Extrémité du ventre découverte; trompe élargie vers le bout. . . . . 2.</td><td>ATTELABE.</td></tr>
<tr><td>Extrémité du ventre cachée; trompe amincie ou de même grosseur. . . . . 3.</td><td>APION.</td></tr>
</table>

1er Genre.

APODÈRE [1], *Apoderus.* Olivier.

Tête rétrécie postérieurement, portée sur un col; massue des antennes de quatre articles.

1. A. DU NOISETTIER; *A. Coryli.*

Noir; élytres rouges, striées.

Lat., Attelabe, n° 1, t. 11, pag. 83.

Geoff., tom. 1, n° 11, pag. 273, *le Becmare tête-écorchée.*

Il a trois lignes de long. Les cuisses sont rouges. Les stries des élytres sont formées par des points.

Lyonnais. Sur le noisettier, etc.

2me Genre.

ATTELABE, *Attelabus.* Linné.

Tête sessile; massue des antennes de trois articles; ventre carré; extrémité découverte; trompe élargie vers le bout.

---

[1] Étym. ἄπο, δήρη, cou.

1. A. Laque; *A. Curculionoides*.

Noir; corselet et élytres rouges.

Lat., tom. 11, n° 4, pag. 84.

Geoff., tom. 1, n° 10, pag. 273, *le Becmare Laque*.

Il a près de trois lignes de longueur. Les élytres ont des stries formées par des points, mais peu apparentes.

Lyonnais.

2. A. Bacchus; *A. Bacchus*.

Rouge cramoisi, avec une teinte d'un vert doré; antennes et extrémité de la trompe noires.

Lat., tom. 11, pag. 85, n° 5.

Oliv., Rhynchite. Ent., tom. 5, pag. 20, n° 27.

Ce bel insecte est celui qui fait tant de mal à la vigne.

Lyonnais.

3. A. du Peuplier; *A. Populi*.

Dessus du corps d'un vert doré; dessous d'un bleu violet; antennnes noires.

Lat., tom. 11, pag. 86, n° 6.

Cette espèce n'a point le duvet qu'on remarque sur la précédente.

Lyonnais. Sur le peuplier.

4. A. a étuis rouges; *A. æquatus*.

Bronzé, pubescent; élytres rouges.

Lat., tom. 11, pag. 88, n° 9.

Les étuis ont des stries formées par des points.

Lyonnais.

5. A. de l'Alliaire; *A. Alliariæ*.

D'un bleu violet, pubescent; antennes noires.

Lat., tom. 11, n° 14, pag. 90.

Geoff., tom. 1, pag. 271, n° 5, *le Becmare bleu à poil*.

Les élytres ont des lignes formées par des points.
Lyonnais.

3.me Genre.

APION [1]; *Apion.* Herbst.

Tête sessile; massue des antennes de trois articles; extrémité du ventre cachée; trompe amincie ou de même grosseur.

1. A. DE LA VESCE ; *A. Craccæ.*
Pubescent, noir en dessus, gris en dessous.
Lat., tom. 11, pag. 91, n° 16.
Il a une ligne de long. Les élytres ont des lignes enfoncées et ponctuées.
Montagnes du Lyonnais.

2. A. BLUET ; *A. Cyaneus.*
Noir, ponctué; élytres striées, d'un noir violet.
Lat., tom. 11, pag. 92, n° 18.
Geoff., tom. 1, pag. 272, n° 7, *le Becmare alongé.*
Il a un peu plus d'une ligne de long.
On le trouve principalement sur les chardons.

3. A. DU FROMENT ; *A. Frumentarius.*
Pourpre; yeux noirs.
Lat., tom. 11, pag. 90, n° 15.
Dumer. Oxystome, Dic. des sci. nat., tom. 37, pag. 183.
Il a une ligne et demie de long. On le trouve dans les grains trop long-temps conservés.

4. A. PUCE ; *A. Malvæ.*
Noir, couvert d'un duvet cendré; élytres et pattes rousses.

---

[1] Etym. ἄπιος, poire; à cause de la forme de leur corps.

Lat., tom. 11, pag. 93, n° 21.

Geoff., tom. 1, pag. 272, n° 9, *le Becmare puce.*

Il n'a pas une ligne de long. Les élytres sont striées.
Lyonnais.

Lettre Quarante-cinquième.

LES CHARANÇONS.

Cette famille, dont près de 2000 espèces sont connues, peut se réduire pour les indigènes aux genres suivans:

- **Antennes**
  - **Droites;**
    - *Point de pattes propres à sauter;*
      - Antennes de neuf à dix articles . . 1. BRACHYCÈRE.
      - Antennes de douze articles . . . . . 2. ITHYCÈRE.
    - Cuisses postérieures renflées, propres à sauter . 3. RAMPHE.
  - **Brisées;**
    - Pieds postérieurs sauteurs . . . . 4. ORCHESTE.
    - *Point de pieds sauteurs;*
      - *Bec épais et court.*
        - Sillon de la trompe où sont insérées les antennes, situé sous l'œil, court ou oblique . . . . 5. CHARANSON.
        - Sillon presque droit ou remontant vers le milieu de l'œil . . . . 6. OTIORHYNQUE.
      - *Bec cylindrique, rarement plus court que le corselet.*
        - Antennes de onze à douze articles, dont la masse n'est que de quatre. 7. LIXE.
        - *Antennes de sept à dix articles*
          - Dont le support est de cinq . . . . 8. CIONE.
          - Dont le support est de six à huit; jambes armées d'un crochet . . . . 9. CALANDRE.

L'illustre SCHÖNHERR, dans un ouvrage remarquable [1], fruit

---

[1] *Curculionidum dispositio methodica, seu prodomus ad synonimiæ insectorum part. IV, Lipsiæ 1826.*

de plus de douze ans de travail, a divisé cette famille en cent quatre-vingt-deux genres, dont plusieurs renferment des espèces toutes étrangères à la France. Nous avons adopté les principales divisions de ce savant Entomologiste.

1er Genre.

Brachycère [1], *Brachycerus*. Olivier.

Antennes droites de neuf à dix articles; point de pattes propres à sauter.

1. B. Algérien; *B. Algirus.*

Cendré; corselet épineux, sillonné; élytres ornées de deux lignes élevées, terminées par des tubercules presque épineux.

Lat., tom. 11, pag. 97.

Près de Marseille.

2. R. Muriqué; *B. Muricatus.*

Cendré; corselet épineux, silloné; élytres ornées de trois lignes de tubercules.

Lat., tom. 11, pag. 97.

Languedoc.

2me Genre.

Ithycère [2], *Ithycerus*. Dalman.

Antennes droites de douze articles; point de pattes propres à sauter.

1. I. Latirostre; *I. Latirostris.*

Noir, couvert d'un duvet jaunâtre; trompe déprimée.

Lat., tom. 1, pag. 125, Lixe 28.

---

[1] Étym. βραχύς, court; Κέρας, corne.
[2] Étym. Ἰθύς, droit; Κέρας, corne.

Il a environ trois lignes de long.

On le trouve dans l'intérieur des têtes des chardons.

2. I. Vert ; *I. Viridis.*

Vert ; bords du corselet et des étuis jaunes.

Lat., Brachyrhine, n° 4, tom. 11, pag. 159.

Lyonnais. Sur les arbres fruitiers.

3.me *Genre.*

Ramphe [1], *Ramphus.* Clairville.

Antennes droites ; cuisses postérieures renflées, propres à sauter.

1. R. Flavicorne ; *R. Flavicornis.*

Noir, ponctué ; base des antennes fauve ; élytres striées.

Lat., tom. 11, pag. 94.

Il a une ligne de long. Les antennes sont presqne contigues à leur base.

Dans les bois.

4.me *Genre.*

Orchête [2], *Orchestes.* Illiger.

Antennes brisées ; pieds postérieurs sauteurs.

1. O. de l'Aune ; *O. Alni.*

Noir, velu ; corselet et élytres rougeâtres, ces dernières chargées de deux taches noires.

Lat., Rhynchène, tom. 11, pag. 189.

Geoff., tom. 1, pag. 286, *le Charanson sauteur à taches noires.*

Lyonnais.

---

[1] Étym. ῥάμφος, bec d'oiseau.

[2] Étym. ὀρχηστὴς, sauteur.

2. O. DE L'OSIER ; *O. Viminalis.*

Testacé ; yeux noirs, élytres striées.

Lat., R., n° 8 , tom. 11, pag. 191.

Geoff., tom. 1, pag. 286, *le Charanson sauteur brun.*

Sur le saule.

5ᵐᵉ Genre.

CHARANSON, *Curculio.* Linné.

Antennes brisées ; point de pieds sauteurs ; bec épais et court ; sillon de la trompe où sont insérées les antennes, courbe ou oblique et situé sous l'œil.

Les espèces les plus riches de ce genre habitent l'Amérique méridionale et surtout le Brésil.

1. C. INCANE ; *C. Incanus.*

Cendré ; antennes rousses ; élytres striées.

Geoff., tom. 1, pag. 282, *le Charanson gris , strié et sans ailes.*

Lat., tom. 11, Brachyrhine, n° 10, pag. 160.

Il a près de quatre lignes de long.

Lyonnais.

2. C. COLON ; *C. Colon.*

Brun ; les bords du corselet et un point blanc sur les étuis.

Lat., tom. 11, pag. 127.

Geoff., tom. 1, pag. 280, *le Ch. à deux points blancs.*

Les étuis sont striés.

Lyonnais.

3. C. DU SAPIN ; *C. Abietis.*

Noir ; élytres chargées d'un duvet jaune et gris.

Lat., tom. 11, pag. 140.

Geoff. tom. 1. pag. 192, *le C. tigré.*

Il a six lignes de long. Le corselet est chagriné. Les élytres ont de gros points enfoncés.

Montagnes du Lyonnais.

4. C. DU PIN; *C. Pini.*

D'un brun marron; orné de mouchetures et de raies transverses jaunâtres.

Lat., tom. 11, pag. 127.

Montagnes du Lyonnais.

5. C. DE L'OSEILLE; *C. Rumicis.*

Gris tacheté de brun; corselet orné de deux bandes noirâtres.

Lat., tom. 11, pag. 139.

Lyonnais.

6. C. GERMAIN; *C. Germanus.*

Noir, luisant, ponctué; bord postérieur du corselet orné de poils jaunâtres.

Lat, n° 55, tom. 11, pag. 142.

Dans les pâturages.

7. C. NÉBULEUX; *C. Nébulosus.*

Gris; étuis ornés de deux bandes transversales.

Geoff., tom. 1, pag. 280, *le C. à deux bandes transverses.*

Il a cinq lignes de long.

Lyonnais.

8. C. SULCIROSTRE; *C. Sulcirostris.*

Cendré; trompe à trois sillons.

Geoff., tom. 1, pag. 278, *le C. à trompe sillonnée.*

Il a six lignes de long.

Lyonnais. Sur les arbres.

6ᵐᵉ Genre.

OTIORHYNQUE [1], *Otiorhyncus.* Germar.

Antennes brisées; point de pieds sauteurs; bec épais et court; sillon presque droit ou remontant vers le milieu de l'œil.

1. O. DU POIRIER; *O. Pyri.*

Bronzé luisant; dix stries sur chaque élytre; pattes fauves.

Lat., tom. 11, pag. 182.

Geoff., tom. 1, pag. 282, *le C. à écailles vertes et pattes fauves.*

Il a trois lignes de long.

Commun sur le poirier.

2. O. OBLONG; *O. Oblongus.*

Noir, velu; antennes, élytres et pattes fauves.

Lat., tom. 11, pag. 184, Brachyrhine, n° 109.

Geoff., tom. 1, pag. 294, *le C. à étuis fauves.*

Il a trois lignes de long.

Sur les plantes.

3. O. TÉNÉBREUX; *O. Tenebricosus.*

Noir, luisant; élytres réunies, striées.

Lat., tom. 11, pag. 174,

Son corselet est chagriné.

Lyonnais.

4. O. DE LA LIVÊCHE; *O. Ligustici.*

Cendré, écailleux; élytres chagrinées.

Lat., tom. 11, pag. 178.

Geoff., tom. 1, pag. 292, *le Charanson à étuis réunis et cha-grinés.*

---

[1] Étym. ὠτίον, petite oreille; ῥύγχος, bec.

Il a six lignes de long. Ses cuisses sont épineuses.
Lyonnais.

7me Genre.

Lixe, *Lixus.* Fabricius.

Antennes brisées, de 11 à 12 articles dont la masse n'est que de quatre ; point de pieds sauteurs ; bec cylindrique rarement plus court que le corselet.

1. L. Paraplectique ; *L. Paraplecticus.*

Cylindrique, cendré ; élytres terminées par deux pointes.
Lat., tom. 11, pag. 110.

Il a sept lignes de long. Les élytres ont des lignes formées par des points.

Sa larve vit dans l'intérieur du *Phellandrium aquaticum.*

2. L. de la jacée ; *L. Jaceæ.*

Noir, parsemé de points cendrés, dont deux bien marqués à la base des étuis.
Lat., tom. 11, pag. 124.
Geoff., tom. 1, pag. 281, *le Ch. tacheté des têtes de chardon.*

Il a trois à quatre lignes de long. Les jambes antérieures sont denticulées. Les écailles grises et pulvérulentes qui le couvrent disparaissent avec l'âge.

Lyonnais.

Les suivans sont tous des Rhynchènes de Fabricius.

3. L. en Croix ; *L. Crux.*

Noir ; deux points blancs à la base du corselet ; étuis, blancs à leur suture et chargés de points de même couleur.
Lat., tom. 11, pag. 138 ; Ch., n° 44.

L'écusson est blanc, le dessous du corps est couvert d'un duvet cendré.

Lyonnais.

4. L. de la Patience; *L. Lapathi.*

Noir; corselet tuberculeux, blanc sur les côtés; étuis blancs à leur extrémité.

Lat., tom. 11, C., n° 53, pag. 141.

Les pattes sont variées de noir et de blanc; les cuisses sont dentées et les étuis ont une bande transverse et quelques points blancs.

Lyonnais.

5. L. Cinq-points; *L. Quinque-punctatus.*

Brun, luisant; étuis blancs à leur suture et chargés de deux points de même couleur.

Lat., tom. 11, pag. 143, Ch., n° 56.

Il a deux lignes de long. Le corselet a une ligne blanche dans son milieu. Les cuisses sont dentées.

Lyonnais.

6. L. des Noisettes; *L. Nucum.*

Jaunâtre, nuancé de gris; trompe brune, aussi longue que la moitié du corps.

Lat., C., n° 73, tom. 11, pag. 148.
Geoff., tom. 1, pag. 296, *le Ch. trompette.*

Il a trois lignes de long. Sa larve ronge l'amande de la Noisette.

Commun dans toute la France.

7. L. des Cerises; *L. Cerasorum.*

Cendré; tache transversale blanche à l'extrémité des étuis.
Lat., tom. 11, pag. 149, Ch., n° 76.

L'écusson est blanc.

Lyonnais.

8. L. des Baies; *L. Druparum.*

D'un jaune roux; élytres ornées de taches brunes.

Lat., tom. 11, pag. 149, Ch., n° 77.

Geoff., tom. 1, pag. 296. *le Ch. damier.*

Il a deux lignes de long.

On le trouve sur le prunier.

9. L. Avare; *L. Avarus.*

Brun; corselet orné d'une ligne dorsale; étuis chargés d'une bande.

Lat., tom. 11, pag. 148, Ch., n° 75.

Lyonnais.

10. L. des Vergers; *L. Pomorum.*

Cendré soyeux; élytres ornées d'une tache oblique blanche entourée par deux bandes noires.

Lat., tom. 11, pag. 150, Ch., n° 79.

Lyonnais.

8me Genre.

Cione [1], *Cionus.* Clairville.

Antennes brisées, de 7 à 10 articles dont le support est de 5. Point de pieds sauteurs; bec cylindrique, rarement plus court que le corselet.

1. C. de la Scrophulaire; *C. Scrophulariæ.*

Gris; deux points noirs auprès de la suture.

Lat., tom. 11, pag. 154.

Geoff., tom. 1, pag. 298, *le Ch. gris de la Scrophulaire.*

Il a à peine deux lignes de long.

Lyonnais.

2. C. du Bouillon blanc; *C. Verbasci.*

---

[1] Étym. *Cionus*, nom ancien suivant olivier.

*Brun ; corselet cendré sur les côtés ; une tache noire sur
la suture des étuis.*

Lat., tom. 11, pag. 155.

Geoff., tom. 1, pag. 297, *le Ch. à losange de la Scrophulaire.*

Il a trois lignes de long. Les étuis ont des stries entre
lesquelles sont des lignes élevées, noires, tachetées de points
blancs.

Lyonnais.

3. C. DE LA CAMPANULE ; *C. Campanulæ.*

Noir, chargé de poils gris ; élytres striées.

Lat., tom. 11, pag. 131.

Dans le péricarpe d'une espèce de campanule.
Lyonnais.

9me *Genre.*

CALANDRE [1], *Calandra.* Clairville.

Antennes brisées de 7 à 10 articles dont le support est de 6 à 8 ; point de
pieds sauteurs ; bec cylindrique rarement plus court que le corselet.

1 C. DU BLÉ ; *C. Granaria.*

Brune ; corselet de la longueur des étuis.

Lat., tom. 11, pag. 100.

Geoff., tom. 1, pag. 285, *le Ch. brun du bled.*

Elle a un peu plus d'une ligne de long. Cet insecte qui
devient un fléau par la rapidité avec laquelle il se multiplie, ronge la substance amilacée du grain.

Toute la France.

2. C. A ANTENNES VELUES ; *C. Barbicornis.*

---

[1] Étym. Καλεῖν , appeler ; ἀνήρ, l'homme. Parce que leurs dégats appellent
l'attention des hommes.

Noir, mat; élytres ornées de lignes ponctuées.
Lat., Rhine, tom. 11, pag. 103.
Elle a une ligne et demie de long.
Lyonnais.

Lettre Quarante-sixième.

LES BOSTRICHES.

Forment deux genres principaux :

Tarses { A pénultième article bilobé. 1 SCOLYTE.
{ A articles entiers . . . . 2 BOSTRICHE.

1er Genre.

SCOLYTE [1], *Scolytus.* Geoffroy.

Pénultième article des tarses bilobé.

1. S. DESTRUCTEUR; *S. Destructor.*

Noir; front pubescent; élytres brunes, tronquées et striées.
Lat., tom. 11, pag. 211.
Geoff., tom. 1; pag. 310, pl. 5, f. 5, *le Scolite.*
Il a une ligne et demie de long.
Sous les écorces.

2. S. LIGNIPERDE; *S. Ligniperda.*

Noirâtre, chargé de poils; les quatre jambes postérieures dentées.

---

[1] Étym. Σχολιώτης, tortuosité; à cause des chemins tortus qu'ils pratiquent dans les branches des arbres.

Lat., tom. 11, pag. 212.

Les élytres sont striées.

Montagnes du Lyonnais.

3. S. TYPOGRAPHE; *S. Typographus.*

Testacé, velu; élytres striées, tronquées et dentées à l'extrémité.

Lat., tom. 11, pag. 212.

Dans les bois de pins des montagnes du Lyonnais.

4. S. CALCOGRAPHE; *S. Calcographus.*

Noir; élytres rousses, tronquées et tridentées à l'extrémité.

Lat., tom. 11, pag. 212.

Montagnes du Lyonnais.

5. S. MICROGRAPHE.

Ferrugineux; élytres entières, velues à l'extrémité.

Lat., tom. 11, pag. 213.

Ses étuis sont pointillés. La couleur du corps est plus jaunâtre en dessus.

Montagnes du Lyonnais.

6. S. OLEIPERDE; *S. Oleiperda.*

Brun velu; élytres testacées, striées; pattes fauves.

Lat., tom. 11, pag. 216.

Il fait beaucoup de tort aux oliviers.

Midi de la France.

7. S. DE L'OLIVIER; *S. Oleœ.*

Gris, velu; antennes fauves; massue en éventail.

Lat., Phloiotribe, tom. 11, pag. 221.

Les pattes sont brunes.

Midi de la France.

2.me Genre.

Bostriche, *Bostrichus.* Geoffroy.

Tarses entiers.

A. *Corps cylindrique.*

1. B. Capucin ; *B. Capucinus.*

Noir ; élytres et ventre rougeâtres.

Lat., tom. 11, pag. 225.

Geoff., tom. 1, pag. 302.

Son corselet est bossu avec des points élevés.

Lyonnais.

2. B. Muriqué ; *B. Muricatus.*

Corselet garni de poils, bossu ; élytres armées de deux dents vers leur sommet.

Lat., tom. 11, pag. 225.

3. B. de Dufour ; *B. Dufourii.*

Corselet bossu, raboteux ; élytres chargées de taches d'un gris soyeux.

Lamarck, tom. 4, pag. 340.

Près de Fontainebleau.

B. *corps allongé, aplati.*

4. B. Tarière ; *B. Terebrans.*

Brun ; corselet bordé ; élytres ornées de stries crénelées.

Lat., tom. 11, pag. 230, Cérylon, n° 6.

Sous l'écorce des arbres.

5. B. Escarbot ; *B. Histeroides.*

D'un noir brillant ; antennes et pieds marrons ; corselet sans rebords.

Lat., tom. 11, pag. 280, Cérylon, n° 8.

Lyonnais.

6. B. Resserré; *B. Contractus.*

Ferrugineux ; corselet pointillé, sans rebords ; élytres striées.

Lat., tom. 11, pag. 232, Cér., n° 11.

Lyonnais.

C. *Corps ovale, déprimé.*

7. B. du Bolet; *B. Boleti.*

Brun; antennes et pieds testacés ; étuis irrégulièrement ponctués.

Lat., tom. 11, pag. 228, Cis., n° 1.

Dans les Bolets. Lyonnais.

***

Lettre Quarante-septième.

LES TROGOSITES.

Se divisent ainsi :

Corps allongé, déprimé :
- Corselet séparé des étuis par un étranglement; mandibules saillantes . . . . 1. Trogosite.
- Corselet uni aux étuis; mandibules non saillantes. 2. Lycte.
- Ovale ou oblong; mandibules simples. . . . . 3. Mycétophage.

1er Genre.

TROGOSITE, *Trogosita.* Olivier.

Corps allongé, déprimé; corselet séparé des étuis par un étranglement; mandibules saillantes.

1. T. Mauritanique; *T. Mauritanica.*

Noirâtre ; élytres striées.
Lat., tom. 11, pag. 245.
Geoff., tom. 1, pag. 64, *la Chevrette brune.*
Dans les vieux bois. Lyonnais.

2.me Genre.

Lycte [1], *Lyctus.* Paykull.

Corps allongé, déprimé ; corselet uni aux étuis ; mandibules non saillantes.

1. L. Transversal ; *L. Transversalis.*
Testacé ; élytres plus pâles, striées.
Lat., Latridie, tom. 11, pag. 243.
Son corselet est rebordé, avec un enfoncement transver-
sal postérieurement.
Dans le bois mort.

2. L. Enfoncé ; *L. Impressus.*
Brun ; élytres pubescentes et pointillées.
Lat. tom. 11, pag. 243.
Le corselet a un enfoncement.
Lyonnais.

3. L. Unidenté ; *L. Unidentatus.*
Testacé ; corselet armé d'une dent de chaque côté.
Lat., Silvain, tom. 11, pag. 242.
Les élytres sont pointillées.
Lyonnais.

4. L. Oblong ; *L. Oblongus.*

---

[1] Étym. λυγτος , lisse.

Brun, pubescent; corselet ayant un enfoncement dans le milieu; étuis striés.

Lat., tom. 11, pag. 241.

Geoff., tom. 1, pag. 103, *le Dermeste levrier à stries.*

Il n'a qu'une ligne de long.

On le trouve dans le bois mort.

5. L. RUGICOLLE; *L. Rugicollis.*

Brun; corselet chargé de quatre lignes élevées.

Lat., Bitome, tom. 11, pag. 241.

Les élytres ont des stries ponctuées.

Lyonnais.

6. L. ALLONGÉ; *L. Elongatus.*

Noir; antennes et pattes rousses; élytres chargées de quatre lignes élevées et d'une double rangée de points.

Lat., Colydie, tom. 11, pag. 238.

Le corselet est sillonné.

Dans toute la France. Dans le vieux bois.

2me *Genre.*

MYCÉTOPHAGE [1], *Mycétophagus.* Fabricius.

Corps ovale ou oblong; mandibules simples.

1. M. QUADRIMACULÉ; *M. Quadrimaculatus.*

Roux; corselet et élytres noirs, ces dernières ornées de deux taches ferrugineuses.

Lat., tom. 11, pag. 247.

Geoff., tom. 1, pag. 335, pl. 6, f. 2, *la Tritome.*

On le trouve dans les bolets.

---

[1] Étym. ΜΥΚΕΤΟΣ, mousse; ΦΑΓΟΣ, mangeur.

2. M. BIFASCIÉ; *M. Bifasciatus.*

Noir; élytres ornées de deux bandes et d'un point ferru-gineux.

Lamarck, tom. 4, pag. 331.

Dans les bolets.

Lettre Quarante-huitième.

LES CUCUJES.

A. *Antennes plus longues que le corps.*

1. C. FLAVIPÈDE; *C. Flavipes.*

Noir; antennes, bouche et pattes fauves.

Lat., Uléiote, tom. 11, pag. 257.

Les antennes sont velues. Les élytres ont des stries ponc-tuées et une ligne élevée près des bords extérieurs.

Montagnes du Lyonnais. Sous les écorces.

B. *Antennes plus courtes que le corps.*

2. C. DÉPRIMÉ; *C. Dépressus.*

Dessous du corps noir; dessus rouge.

Lat., tom. 11, pag. 255.

Le corselet est sillonné et dentelé sur les bords.

Montagnes du Lyonnais.

3. C. NOIRATRE; *C. Piceus.*

Noir, corselet lisse; élytres striées.

Lat., tom. 11, pag. 256.

Lyonnais. Dans les bois.

4. C. UNIFASCIÉ; *C. Unifasciatus.*

Fauve; élytres ornées d'une tache noire; corselet marqué d'une ligne imprimée de chaque côté.

Lat., tom. 11, pag. 256.

Les yeux sont noirs. Les élytres ont de faibles stries. Lyonnais. Sous les écorces.

Lettre Quarante-neuvième.

LES CAPRICORNES.

Se divisent de la manière suivante :

Courtes, grenues; corselet presque orbiculaire . . . . . 1. SPONDYLE.

Corselet armé sur ses bords de dents tranchantes; antennes souvent en scie dans les mâles . . . . . 2. PRIONE.

Corselet épineux, tuberculeux ou inégal sur les côtés . . . . . . 3. CAPRICORNE.

Corselet sans épines sur les côtés; arrondi ou globuleux. . . . . 4. CALLIDIE

Corselet sans épines ni tubercules sur les côtés. . . . . 5. SAPERDE.

Corselet épineux ou tuberculeux sur les côtés . . . . 6. LAMIE.

Antennes — *longues et sétacées ou filiformes* : *Corselet mutique ou non armé de dents tranchantes* ; *Tête penchée, mais non verticalement* ; *Tête penchée verticalement* ;

1er Genre.

SPONDYLE [1], *Spondylis*. Fabricius.

Antennes courtes, grenues; corselet presque orbiculaire.

1. S. BUPRESTOÏDE; *S. Buprestoïdes.*

---

[1] Étym. obscure.

Noir, ponctué; élytres ornées de deux lignes élevées.

Lat., tom. 11, pag. 264.

Son corps est cylindrique.

Il n'est pas rare dans les bois de pins des montagnes du Lyonnais.

7.me Genre

PRIONE [1], *Prionus.* Fabricius.

Antennes longues, sétacées; corselet armé sur les bords de dents tranchantes; antennes souvent en scie dans les mâles.

1. P. TANNEUR; *P. Coriarius.*

Brun; corselet armé de trois épines.

Lat., tom. 11, pag. 266.
Geoff., tom. 1, pag. 198, pl. 3, f. 5.

Il a près d'un pouce et demi de long.
On le trouve assez communément dans le Lyonnais.

2. P. SCABRICORNE; *P. Scabricornis.*

Noirâtre; corselet unidenté; élytres chargées de deux lignes élevées.

Lat., tom. 11, pag. 266.
Geoff., tom. 1, pag. 210, *la Lepture rouillée.*

Au moins aussi grand que le précédent.
Lyonnais.

3. P. ARTISAN; *P. Faber.*

Noir; corselet chagriné unidenté; étuis pointillés irrégulièrement.

Lat., tom. 11, pag. 265.

Il a vingt lignes de long.
Lyonnais.

---

[1] Étym. πρίον, scie, à cause de la forme des antennes de plusieurs.

3me Genre.

CAPRICORNE, *Cerambix.* Linné.

Antennes longues, sétacées; corselet épineux, tuberculeux ou inégal; tête penchée en avant, mais non verticalement.

1. C. MUSQUÉ; *C. Moschatus.*

D'un vert brillant, cuivreux ou bleuâtre; dessous du corps bleu.

Lat., tom. 11, pag. 284.

Geoff., tom. 1, pag. 203, *le C. à odeur de rose.*

Il a un pouce de long. Il a l'odeur de rose.

Très-rare dans les montagnes du Lyonnais; fréquent dans les plaines, sur les saules.

2. C. ROSALIE; *C. Alpinus.*

Cendré; une bande et quatre taches sur les élytres.

Lat., tom. 11, pag. 284.

Geoff., tom. 1, pag. 202, pl. 3, f. 6.

Il a quinze lignes de long.

Il habite les hautes montagnes.

3. C. HISPIDE; *C. Hispidus.*

Brun; élytres cendrées à leur base, dentées à leur extrémité.

Lat., tom. 11, pag. 285.

Geoff., tom. 1, pag. 206, *le C. à étuis dentelés.*

Il n'a que trois lignes de long. Son corselet, outre l'épine latérale, a deux tubercules en dessus.

Lyonnais.

4. C. DE KŒHLER; *C. Kœhleri.*

Noir; élytres rouges.

Lat., tom. 11, pag. 286.

Geoff., tom. 1, pag. 204, *le C. rouge.*

Il a huit lignes de long. Son corselet a parfois une tache rouge de chaque côté.

Lyonnais.

5. C. Héros; *C. Heros.*

Noir; corselet raboteux; antennes plus longues que le corps; élytres munies d'une épine à leur sommet intérieur.

Lat., tom. 11, pag. 283.

Geoff., tom. 1, pag. 200, *le grand C. noir.*

Il a un pouce et demi de long.

Lyonnais.

6. C. Savetier; *C. Cerdo.*

Noir; élytres sans épines; corselet raboteux; antennes longues.

Lat., tom. 11, pag. 283.

Geoff., tom. 1, pag. 201, *le petit C. noir.*

Il a dix lignes de long.

Très-commun dans les montagnes du Lyonnais.

4.me Genre.

Callidie [1], *Callidium.* Fabricius.

Antennes sétacées; corselet sans épines arrondi ou globuleux; tête penchée en avant.

1. C. Sanguine; *C. Sanguineum.*

Noire; corselet et étuis rouges soyeux.

Lat., tom. 11, pag. 288.

---

[1] Étym. Καλος, belle; ιδεα, forme.

Geoff., tom. 1, pag. 220, *la Lepture veloutée couleur de feu.*

Elle a six lignes de long.

Lyonnais.

2. C. Portefaix; *C. Bajulus.*

Brune; corselet déprimé, velu, orné de deux tubercules noirs et luisans.

Lat., tom. 11, pag. 287.

Geoff., tom. 1, pag. 218, *la Lepture brune à corselet Rhomboidal.*

Commune dans le Lyonnais.

3. C. Testacée; *C. Testaceum.*

Testacée; corselet tuberculé, luisant; antennes brunes.

Lat., tom. 11, pag. 289,

Geoff., tom. 1, pag. 218, *Lepture livide à corselet lisse.*

Elle a cinq lignes de long.

Commune dans le Lyonnais.

4. C. Bleuatre; *C. Fennicum.*

Noire; cuisses renflées; corselet et pattes fauves.

Lat., tom. 11, pag. 291.

Geoff., tom. 1, pag. 219, *la Lepture noire à corselet rougeâtre.*

De même grandeur que la précédente.

5. C. Fémorale; *C. Femoratum.*

Noire; cuisses renflées rouges.

Lat., tom. 11, pag. 291.

Montagnes du Lyonnais. Très-rare.

6. C. Luride; *C. Luridum.*

Noire; élytres testacées; cuisses renflées.

Lat., tom, 11, pag. 292.

Lyonnais.

7. C. Cordonnée; *C. Liciatum.*

Brune; élytres ornées de deux bandes ondées et cendrées.

Lat., tom 11, pag. 293.

Geoff., tom. 1, pag. 211, *la Lepture à corselet rond et taches jaunes.*

Tout son corps a des taches formées par des poils jaunâtres.

Lyonnais.

8. C. Belier; *C. Arietis.*

Noire; antennes et pattes fauves; trois bandes jaunes sur les étuis; cuisses simples.

Lat., tom. 11, pag. 296.

Geoff., tom. 1, pag. 214, *la Lepture à trois bandes dorées.*

La seconde bande est arquée comme les cornes d'un bélier.

Lyonnais.

9. C. Arquée; *C. Arcuatum.*

Noire; antennes et pattes fauves; quatre bandes jaunes sur les étuis; cuisses renflées.

Lat., tom. 11, pag. 296.

Geoff., tom. 1, pag. 214, *la Lepture aux croissans dorés.*

Les trois dernières bandes sont arquées vers la partie postérieure.

Lyonnais.

10. C. du verbascum; *C. Verbasci.*

Noire, couverte d'un duvet jaune; élytres ornées de trois bandes noires transverses.

Lat., tom. 11, pag. 298.

Geoff., tom. 1, pag. 216, *la Lepture jaune à bandes noires.*

Elle a quatre lignes de long. Les yeux et les antennes sont noirs.

Lyonnais.

11. C. QUATRE POINTS; *C. Quadripunctatum.*

Noire, couverte d'un duvet jaune verdâtre ; élytres ornées chacunes de deux taches noires.

Lat., tom. 11, pag. 298.

Geoff., tom. 1, pag. 211, *la Lepture velours jaune.*

Elle a cinq lignes de long. Le dessous du corps et les pattes sont d'un vert noirâtre.

Lyonnais. Sur les fleurs.

12. C. MYSTIQUE; *C. Mysticum.*

Noire ; étuis rougeâtres à leur base et variés de noir et de blanc dans le reste de leur longueur.

Lat., tom. 11, pag. 300.

Geoff., tom. 1, pag. 217, *la Lepture arlequine.*

Elle a cinq lignes de long. Les antennes sont blanches dans leur milieu.

Lyonnais. Sur les fleurs.

13. C. MARSEILLAISE; *C. Massiliense.*

Noire ; étuis ornés de trois bandes blanches, dont la première est arquée.

Lat., tom. 11, pag. 301.

Geoff., tom. 1, pag. 215. *la Lepture à raies blanches.*

Elle a quatre lignes de long. Ses cuisses antérieures sont renflées. La poitrine a deux taches blanches de chaque côté ainsi que l'écusson.

Sur les fleurs en ombelle.

5. Genre.

Saperde [1], *Saperda.* Fabricius.

Antennes longues et sétacées; corselet sans épines sur les côtés; tête penchée verticalement.

Tous nos Saperdes sont des Lamies de M. Latreille.

1. S. Carcharias; *S. Carcharias.*

*D'un cendré jaunâtre, ponctué de noir; antennes annelées
de gris et de noir.*

Lat., tom. 11, pag. 274.

Geoff., tom. 1, pag. 208, *la Lepture chagrinée.*

Il a un pouce de long. Son corselet a un sillon élevé
dans son milieu.

Lyonnais.

2. S. Yeux de Paon; *S. Curculionoides.*

*D'un cendré bleuâtre, avec quatre taches oculaires sur
les étuis et le corselet.*

Lat., tom. 11, pag. 270.

Lyonnais.

3. S. du Peuplier; *S. Populnea.*

*Noirâtre; quatre ou cinq points jaunes sur chaque étuis
et trois lignes de même couleur sur le corselet.*

Lat., tom. 11, pag. 277.

Geoff., tom. 1, pag. 211, *la Lepture à corselet rond et taches
jaunes.*

Il a six lignes de long. Les antennes sont annelées de
noir et de gris.

Lyonnais.

---

[1] Étym. assez obscure comme celle de la plupart des noms créés par Fabricius. Σαπερδης, nom d'un poisson dans Athénée.

4. S. Cylindrique ; *S. Cylindrica.*

Cylindrique, d'un noir bleuâtre ; tête et corselet légère-
ment velus ; étuis pointillés.

Lat., tom. 11, pag. 279.
Geoff., tom. 1, pag. 208, *la Lepture ardoisée.*

Il a cinq lignes de long. Sa larve se nourrit de la moëlle
des rameaux du poirier.

Lyonnais.

5. S. Linnéaire ; *S. Linearis.*

Noir, cylindrique ; pattes roussâtres.

Lat., tom. 11, pag. 280.

Lyonnais. Sur le noisettier.

6. S. Bout-brulé ; *S. Præusta.*

Noir ; étuis jaunes et noirs à l'extrémité.

Lat., tom. 11, pag. 281.
Geoff., tom. 1, pag. 209, *la Lepture noire à étuis jaunes.*

Il n'a que deux lignes de long.

Lyonnais.

6.me *Genre.*

Lamie [1], *Lamia.* Fabricius.

Antennes sétacées ; corselet épineux ou tuberculeux sur les côtés ; tête penchée verticalement.

1. L. Textor ; *L. Textor.*

Brune chagrinée ; antennes moyennes.

Lat., tom. 11, pag. 268.

Lyonnais. Dans les bois.

---

[1] Étym. λαμία, nom employé par Aristote, lib. 5, c. 5, pour désigner
une espèce de poisson.

2. L. Cordonnière; *L. Sutor.*

Noire, chagrinée; avec des taches irrégulières fauves et cendrées; écusson jaune.

Lat., tom. 11, pag. 270.

Lyonnais.

3. L. Fuligineuse; *L. Fuliginator.*

Noire; étuis couvert d'un duvet cendré et orné de bandes blanches.

Lat., tom. 11, pag. 272.

Geoff., tom. 1, pag. 205, *le Capricorne ovale cendré.*

Elle a six lignes de long.

Lyonnais.

4. L. Pedestre; *L. Pedestris.*

Noire; étuis bordés de blanc à l'extrémité; pattes rougeâtres.

Lat., tom. 11, pag. 271.

Le premier article des antennes est fauve et son corselet est souvent orné d'une ligne blanche.

Lettre Cinquantième.

LES NECYDALES.

A. *Élytres très-courtes.*

1. N. Majeure; *N. Major.*

Noire; élytres, antennes et pattes fauves.

Lat., tom. 11, pag. 302.

Rare dans le Lyonnais.

B. *Étuis plus longs, étranglés.*

2. N. Fauve; *N. Rufa.*

Noire, un peu velue; élytres terminées en alène, fauves ainsi que les antennes

Lat., tom. 11, pag. 304.

Geoff., tom. 1, pag. 220, *la Lepture à étuis étranglés.*

Elle a quatre lignes de long. Les côtés du ventre et les bords des anneaux sont colorés de jaune.

Assez commune sur les fleurs.

Lettre Cinquante-unième.

LES LEPTURES.

Forment deux genres principaux:

Corselet
| Épineux ou tuberculeux sur les côtés. . . . . 1. Stencore.
| Sans épines . . . . 2. Lepture.

1ᵉʳ Genre.

Stencore [1], *Stenocorus.* Geoffroy.

Corselet épineux ou tuberculeux sur les côtés.

1. S. Inquisiteur; *S. Inquisitor.*

Couverte d'un duvet jaunâtre mélangé; élytres ornées de deux bandes irrégulières testacées et chargées de deux lignes élevées.

Lat., tom. 11, pag. 307. Lept. 2.

---

[1] Étym. Στενόχωρος, étroit.

Geoff., tom. 1, pag. 223, *le S. noir, velouté de jaune.*

Il a sept lignes de long. Les antennes sont courtes.

2. S. BIFASCIÉ ; *S. Bifasciatus.*

Brun ; élytres ornées de deux taches jaunes, obliques, et chargées de trois lignes élevées.

Lat., tom. 11, pag. 307. Lept. 4.

Geoff., tom. 1, pag. 222, *le S. lisse à bandes jaunes.*

Lyonnais.

3. S. DU SAULE ; *S. Salicis.*

Rougeâtre ; étuis d'un bleu presque noir.

Lat., tom. 12, pag. 309. Lept. 9.

Geoff., tom. 1, pag. 224, *le S. rouge à étuis violets.*

Ce bel insecte a neuf à dix lignes de long.

Il est rare dans les montagnes du Lyonnais.

2.me *Genre.*

LEPTURE, *Leptura.* Linné.

Corselet sans épines.

1. L. MÉRIDIONALE ; *L. Meridionalis.*

Noire ; base des étuis et pattes testacées ; genoux et tarses noirs.

Lat., tom. 11, pag. 311.

Elle est pubescente.

Montagnes du Lyonnais.

2. L. HASTÉE ; *L. Hastata.*

Noire ; étuis rouges, ornés sur leur suture d'une tache triangulaire.

Lat., tom. 11, pag. 312.

Geoff., tom. 1, pag. 226, *le Stencore bedeau.*

Assez commun dans les montagnes du Lyonnais.

3. L. Melanure ; *L. Melanura.*

Noire ; étuis rouges ou jaunâtres, avec la suture et l'ex-
trémité noires.

Lat., tom. 11, pag. 312.
Geoff., tom. 1, pag. 226, n° 2 et 3.
Très-commune dans le Lyonnais.

4. L. Porte-croix ; *L. Cruciata.*

Noire ; élytres rouges avec une bande transverse et leur
extrémité noires.

Lat., tom. 11, pag. 313.
Sur les fleurs. Lyonnais.

5. L. Tomenteuse ; *L. Tomentosa.*

Noire ; corselet hérissé de poils jaunes ; élytres testacées,
noires à l'extrémité.

Lat., tom. 11, pag. 315.
Lyonnais.

6. L. Epéronnée ; *L. Calcarata.*

Noire ; élytres jaunes ornées de quatre bandes noires ;
antennes annelées de jaune et de noir.

Lat., tom. 11, pag. 316.
Geoff., tom. 1, pag. 225, *le Stencore jaune à bandes noires.*
Elle est très-commune près de Thizy. Sur les fleurs.

7. L. a Collier ; *L. Collaris.*

Noire ; corselet et ventre rouges ; étuis d'un bleu presque
noir.

Lat., tom. 11, pag. 319.
Lyonnais.

8. L. Atre ; *L. Atra.*

Noire, légèrement pubescente.
Lat., tom. 11, pag. 321.

Geoff., tom. 1, pag. 228, *le Silencore tout noir.*
Lyonnais.

9. L. LIVIDE; *L. Livida.*
Noire; élytres testacées sans taches.
Lat., tom. 11, pag. 322.
Lyonnais.

Lettre Cinquante-deuxième.

LES CRIOCÈRES.

Se partagent ainsi :

Corps	sans épines;	Yeux sans échancrure; antennes filiformes.	1.	DONACIE.
		Yeux échancrés; antennes grenues.	2.	CRIOCÈRE.
	Hérissé d'épines.	3.	HISPE.

1er Genre.

DONACIE [1], *Donacia.* Fabricius.

Corps sans épines; yeux sans échancrure; antennes filiformes.

1. D. CRASSIPÈDE; *D. Crassipes.*
*D'un vert bronzé en dessus; corcelet tuberculé et sillonné
dans son milieu; élytres striées; cuisses postérieures uni-
dentées.*
Lat., tom. 11, pag. 344.

---

[1] Étym. Δόναξ, roseau; parce qu'elles vivent dans les lieux aquatiques.

Geoff., tom. 1, pag. 229, *le Stencore doré.*

Près de Thizy, sur les plantes aquatiques.

2. D. RUFIPÈDE; *D. Rufipes.*

D'un bronzé obscur; antennes et pattes fauves.

Lat., tom. 11, par 345.

Les cuisses postérieures sont dentées.
Lyonnais.

3. D. DE LA SAGITTAIRE; *D. Sagittariæ.*

D'un vert doré ou cuivreux; élytres striées et déprimées irrégulièrement.

Lat., tom. 11, pag. 346.

Le dessous du corps est couvert d'un duvet doré.
Lyonnais.

2.me Genre.

CRIOCÈRE, *Crioceris.* Geoffroy.

Corps sans épines; yeux échancrés; antennes filiformes.

1. C. DU LYS; *C. Merdigera.*

Noir; corselet et étuis rouges.

Lat., tom. 11, pag. 351.
Geoff., tom. 1, pag. 239.

Très-commun dans toute la France.

2. C. DOUZE POINTS; *C. Duodecim punctata.*

Rouge; élytres ornées chacune de six points.

Lat., tom. 11, pag. 351.
Geoff., tom. 1, pag. 240, *le C. rouge à points noirs.*

Très commun dans le Lyonnais sur l'asperge.

3. C. DE L'ASPERGE; *C. Asparagi.*

Bleu ; corselet rouge orné de deux points noirs ; étuis bleus avec des taches jaunes.

Lat., tom. 11 , pag. 353.

Geoff., tom. 1 , pag. 241 , *le C. porte-croix de l'asperge.*

Très-commun sur l'asperge.

4. C. BLEU ; *C. Cyanella.*

Bleu ; jambes et tarses noirs.

Lat., tom. 11 , pag. 352.

Geoff., tom. 1 , pag. 243.

Lyonnais.

5. C. MÉLANOPE ; *C. Melanopa.*

Bleu ; corselet et pattes rouges ; antennes et tête noires.

Lat., tom. 11 , pag. 353.

Lyonnais.

3me Genre.

HISPE, *Hispa*, Linné.

Corps hérissé d'épines.

1. H. ATRE ; *H. Atra.*

D'un noir profond.

Lat., tom. 12 , pag. 19.

Geoff., tom. 1 , pag. 243, *le Criocère chataigne noire.*

Il n'a qu'une ligne et demie de long.

On le trouve sur les graminées.

2. H. TESTACÉ ; *H. Testacea.*

Testacé ; antennes et épines noires.

Lat., tom. 12 , pag. 19.

Lamarck, tom. 4 , pag. 305.

Rare dans le Lyonnais.

Lettre Cinquante-troisième.

LES CASSIDES.

1. C. VERTE; *C. Viridis.*

Dessous du corps noir; corselet et élytres verts; pattes fauves; partie des cuisses noire.

Lat., tom. 12, pag. 25.

Geoff., tom. 1, pag. 312.

Sur les chardons.

2. C. EQUESTRE; *C. Equestris.*

Dessous du corps noir; dessus verd; pattes et cuisses jaunâtres.

Lat., tom. 12, pag. 28.

Commune sur la menthe.

3. C. THORACIQUE; *C. Thoracica.*

Élytres vertes; corselet brun; pattes fauves.

Lat., tom. 12, pag. 27.

Geoff., tom. 1, pag. 314, *la C. verte à corselet brun.*

Sur l'aunée des prés.

4. C. NOBLE; *C. Nobilis.*

Fauve en dessus; élytres striées, ornées près de la suture d'une bande d'or.

Lat., tom. 12, pag. 32.

Geoff., tom. 1, pag. 314, *la C. à bandes d'or.*

Sur diverses plantes.

5. C. PANACHÉE; *C. Varia.*

Antennes et pattes noires; élytres rougeâtres tachetées de noir.

Lat., tom. 12, pag. 28.

Geoff., tom. 1, pag. 314.

La couleur des étuis varie avec l'âge; les premiers jours après leur développement ils sont verts.

Lyonnais.

Lettre Cinquante-quatrième.

LES CHRYSOMÈLES.

En scie ou pectinées d'un côté . . . . 1. CLYTHRE.

Tête inclinée verticalement; corselet très-bombé, cachant presqu'entièrement la tête . . 2. GRIBOURI.

Tête droite ou avancée; corselet transverse ne cachant qu'une partie de la tête . . . . . . 3. CHRYSOMÈLE.

Point de pattes propres à sauter . . . . . . 4. GALÉRUQUE.

Pattes propres à sauter. . . . . 5. ALTISE.

1er Genre.

CLYTHRE [1], *Clythra*. Laicharting.

Antennes écartées à leur insertion, en scie ou pectinées d'un côté.

1. C. TRIDENTÉE; *C. Tridentata.*

D'un noir bleuâtre; élytres flavescentes; pattes antérieures très-longues.

Lat., tom. 11, pag. 356.

---

[1] Étym. incertaine.

Dans les bois, sur le chêne.

2. C. Longimane; *C. Longimana.*

D'un vert bronzé; élytres testacées avec un point noir à leur base; pattes antérieures très-longues.

Lat., tom. 11, pag. 357.

Geoff., tom. 1, pag. 196, *la Mélolonte lisette.*

Lyonnais.

3. C. Rougeatre; *C. Rubra.*

Noire; corselet et élytres rouges, le premier avec une tache, les secondes avec deux taches noires.

Lat., tom. 11, pag. 359.

Geoff., tom. 1, pag. 196, *la Mélolonte quadrille à corselet rouge.*

Lyonnais.

4. C. Indigo; *C. Cyanea.*

Bleue; corselet et pieds rouges; tarses et base des cuisses noirs.

Lat., tom. 11, pag. 360.

Geoff., tom. 1, pag. 197, *la Mélolonte bluette.*

5. C. Quadriponctuée; *C. Quadripunctata.*

Noire; étuis rouges, ornés chacun de deux points noirs.

Lat., tom. 11, pag. 358.

Geoff., tom. 1, pag. 196, *la Mélolonte quadrille à corselet noir.*

Lyonnais.

2.ᵐᵉ *Genre.*

Gribouri [1]; *Cryptocephalus.* Geoffroy.

Antennes simples écartées à leur insertion; tête inclinée verticalement; corselet très-bombé, cachant presqu'entièrement la tête.

---

[1] Étym. κρυπτός, cachée; κεφαλὴ, tête.

1. C. Soyeux; *C. Sericeus*.

Pointillé, d'un vert doré; antennes et yeux noirs.

Lat., tom. 11, pag. 362.

Geoff., tom. 1, pag. 233, *le Velours vert.*

Commun sur les fleurs.

2. G. Biponctué; *C. Bipunctatus*.

Noir; élytres rouges, ornées chacune de deux points noirs.

Lat., tom. 11, pag. 364.

Geoff., tom. 1, pag. 235, *le G. rouge à deux points noirs strié.*

Sur les arbres.

3. G. de la Vigne; *C. Vitis*.

Noir; élytres rouges.

Lat, tom. 11, pag. 374, Eumolpe, n° 4.

Geoff., tom. 1, pag. 233.

La larve de cet insecte fait beaucoup de tort à la vigne.

4. G. Brillant; *C. Nitens*.

Bleu luisant; élytres striées; bouche, base des antennes et pattes jaunes.

Lat., tom. 11, pag. 367.

Geoff., tom. 1, pag. 236, *le G. bleu à points.*

Sur le noisettier.

5. G. de Morée; *C. Morœi*.

Noir; orné de deux taches jaunes sur chaque étui.

Lat., tom. 11, pag. 367.

Geoff., tom. 1, pag. 234, *le G. à deux taches jaunes.*

Sur diverses plantes.

6. G. du Pin; *C. Pini*.

Testacé; antennes brunes.

Lat., tom. 11, pag. 371.

Dans les bois de pins des montagnes du Lyonnais.

7. G. Précieux ; *C. Pretiosus*.

D'un bleu violet luisant.

Lat., tom. 11, pag. 374.

Geoff., tom. 1, pag. 232, *le G. bleu de l'aune ?*

Lyonnais. Dans les lieux secs.

3ᵐᵉ Genre.

Chrysomèle, *Chrysomela*. Linné.

Antennes simples, écartées à leur insertion ; tête droite ou avancée ; corselet transverse, ne cachant qu'une partie de la tête.

1. C. Ténébrion ; *C. Tenebricosa*.

Noire, aptère ; antennes et pattes violettes.

Lat., tom. 11, pag. 376.

Geoff., tom. 1, pag. 265, *la C. à un seul étui.*

Lyonnais.

2. C. du Gramen ; *C. Graminis*.

D'un vert bleuâtre, brillant ; élytres légèrement ponctuées.

Lat., tom. 11, pag. 378.

Geoff., tom. 1, pag. 260, *le grand Vertubleu.*

Commune dans le Lyonnais.

3. C. Fastueuse ; *C. Fastuosa*.

D'un vert doré ou bronzé brillant ; suture bleue et une bande paralelle de même couleur sur les étuis.

Lat., tom. 11, pag. 384.

Geoff., tom. 1. pag. 261, *le petit Vertubleu.*

Sur les bleds. Lyonnais.

4. C. Homoptère ; *C. Homoptera*.

D'un noir violet ; pattes et ailes rouges.

Lat., tom. 11, pag. 379.

Commune dans le Lyonnais.

5. C. du Peuplier ; *C. Populi*.

D'un bleu verdâtre ; élytres rouges.

Lat., tom. 11, pag. 380.

Geoff., tom. 1, pag. 256, *la grande C. rouge à corselet bleu.*

Commune près d'Amplepuis sur les bords du Rheins ; sa larve fait transsuder de son corps une huile empestée, lorsqu'on cherche à l'inquiéter.

6. C. LISSE ; *C. Polita.*

Dessous du corps d'un vert obscur ; tête et corselet doré ; élytres d'un brun jaunâtre.

Lat., tom. 11, pag. 380.

Geoff., tom. 1, pag. 257., *la C. rouge à corselet doré.*

Lyonnais. Sur le saule.

7. C. LURIDE ; *C. Lurida.*

Noire ; élytres rouges, striées près de la suture.

Lat., tom. 11, pag. 381.

Geoff., tom. 1, pag. 258, *la C. rouge à corselet noir.*

Lyonnais.

8. C. DU POLIGONUM ; *C. Polygoni.*

D'un bleu verdâtre ; corselet et pattes rouges.

Lat., tom. 11, pag. 383.

Geoff., tom. 1, pag. 263, *la C. verte à corselet rouge.*

Lyonnais.

9. C. CÉRÉALE ; *C. Cerealis.*

Dorée ; ornée de trois bandes bleues sur le corselet et cinq sur les élytres.

Lat., tom. 11, pag. 383.

Geoff., tom. 1, pag. 262, *l'Arlequin doré.*

Sur le genêt. Elle n'est pas très-rare dans les montagnes du Lyonnais.

10. C. AMÉRICAINE ; *C. Americana.*

D'un vert bronzé ; élytres ornées de cinq stries rouges.

Lat., tom. 11, pag. 384.

Geoff., tom. 1, pag. 262, *la C. à galons.*

Ses aîles sont rouges.

Sur les plantes labiées.

11. C. Sanguinolente ; *C. Sanguinolenta.*

Noire ; élytres chagrinées, ornées d'une bordure épaisse, rouge.

Lat., tom. 11, pag. 385.

Geoff., tom. 1, pag. 259, *la C. noire à bordure rouge.*

Dans les champs du Lyonnais.

12. C. Marginelle ; *C. Marginella.*

D'un vert bronzé ; corselet et étuis bordés de jaune.

Lat., tom. 11, pag. 286.

Sur les renoncules.

13. C. du Cresson ; *C. Armoraciæ.*

Noire en dessous ; violette en dessus ; base des antennes rouge.

Lat., tom. 11, pag. 389.

Sur le plantain, le cresson, etc.

14. C. du Bouleau ; *C. Betulæ.*

Ronde ; noire en dessous ; bleue en dessus, avec des rangées de points sur les étuis.

Lat., tom. 11, pag. 389.

Geoff., tom. 1, pag. 264. *C. bleue du saule.*

Lyonnais.

15. C. Verdelette ; *C. Viridula.*

D'un vert doré luisant ; ventre noir en dessus.

Lat., tom. 11, pag. 391.

Geoff., tom. 1, pag. 261, *la C. dorée.*

Lyonnais.

4.me Genre.

GALÉRUQUE [1], *Galeruca.* Geoffroy.

Antennes rapprochées à leur insertion; point de pattes propres à sauter.

1. G. DE LA TANAISIE; *G. Tanaceti.*

Noire; ornée de points élevés sur les étuis.

Lat., tom. 11, pag. 397.

Geoff., tom. 1, pag. 252, *la G. brunette.*

Lyonnais.

2. G. DE L'AUNE; *G. Alni.*

Violette en dessus; antennes et dessous noirs.

Lat., tom. 11, pag. 398.

Très-commune sur l'aune.

3. G. DU NÉNUPHAR; *G. Nympheæ.*

Brune, pubescente; bord extérieur des étuis proéminent, jaunâtre; tête, corselet et pattes variés de noir et de jaune.

Lat., tom. 11, pag. 398.

Geoff., tom. 1, pag. 254, *la G. aquatique.*

Commune dans le Lyonnais. Sur le nénuphar.

4. G. DE L'ORME; *G. Calmariensis.*

D'un jaune cendré; élytres ornées de deux bandes noires, l'une à la base, l'autre au bord externe.

Lat., tom. 11, pag. 398.

Geoff., tom. 1, pag. 253.

Lyonnais.

---

[1] Étym. inconnue.

5ᵐᵉ Genre.

ALTISE [1], *Altica.* Geoffroy.

Antennes rapprochées à leur insertion; pattes propres à sauter.

1. A. NITIDULE; *A. Nitidula.*

Tête et corselet dorés; élytres bleues ou vertes striées; base des antennes et pattes rousses.

Lat., tom. 12, pag. 7.

Geoff., tom. 1, pag. 249, *l'A. rubis.*

Elle se trouve sur le saule.

2. A. TESTACÉE; *A. Testacea.*

Fauve; yeux noirs.

Lat., tom. 12, pag. 10.

Geoff., tom. 1, pag. 250, *l'A. fauve sans stries.*

Lyonnais.

3. A. A PATTES FAUVES; *A Fulvipes.*

D'un noir bleuâtre; base des antennes, tête, corselet et pattes fauves.

Lat., tom. 12, pag. 10.

Geoff., tom. 1, pag. 245, *l'A. de la mauve.*

Sur les plantes malvacées.

4. A. DU CHOU; *A. Brassicæ.*

Noire; élytres jaunes, bordées de noir.

Lat., tom. 12, pag. 14.

Geoff., tom. 1, pag. 248, *l'A. à bordure noire.*

Lyonnais.

5. A. POTAGÈRE; *A. Oleracea.*

---

[1] Étym. ἁλτικός, sauteur.

D'un bleu verdâtre; élytres finement ponctuées; antennes, jambes et tarses noirs.

Lat., tom. 12, pag. 14.

Geoff., tom. 1, pag. 245, *l'A. bleue.*

Dans les jardins.

6. A des Bois; *A. Nemorum.*

Noire; élytres ornées d'une bande longitudinale jaune.

Lat., tom. 12, pag. 13.

Geoff., tom. 1, pag. 247, *l'A. à bandes jaunes.*

Dans les jardins.

Lettre Cinquante-cinquième.

LES PHALACRES.

Forment trois genres :

Tarses	à pénultième article bifide ;	Jambes triangulaires ; corselet sans pointes. . . . 1. Tritome.
		Jambes non élargies en triangles ; corselet ayant des angles aigus. . . . . 2. Phalacre.
	Entiers ; corps presque globuleux . . . . 3. Agathidie.

1er Genre.

Tritome [1], *Tritoma.* Fabricius.

Tarses à Pénultième article bifide ; jambes triangulaires ; corselet sans pointe.

1. T. Nigripenne; *T. Nigripenna.*

---

[1] Étym. τρεῖς, trois; τομή, section.

D'un rouge luisant ; poitrine et élytres noires.

Lat., tom. 12, pag. 39.

Les élytres ont des stries formées par des points. Elle vole le soir.

On la trouve sur les arbres.

2.ᵐᵉ *Genre.*

PHALACRE, *Phalacrus.* Paykull.

Tarses à pénultième article bifide ; jambes non élargies en triangles ; corselet ayant des angles aigus.

1. P. BICOLOR ; *P. Bicolor.*

Noir ; un point rouge à l'extrémité de chaque élytre.

Lat., tom. 12, pag. 43.

Geoff., tom. 1, pag. 308, *l'Anthribe à deux points rouges au bout des étuis.*

Sur les fleurs.

2. P. PÉDICULAIRE ; *P. Pedicularis.*

Noir, sans taches.

Lamarck, tom. 4, pag. 291.

Sur les fleurs.

3.ᵐᵉ *Genre.*

AGATHIDIE [1], *Agathidium.* Illiger.

Tarses entiers ; corps presque globuleux.

1. A. NIGRIPENNE ; *A. Nigripenna.*

Corselet rouge ; étuis et ventre noirs.

---

[1] Étym. ἀγαθὶς-ίδος, petite pelotte ; parce que leur corps est presque globuleux.

Lat., tom. 10, pag. 319.
Lamarck, tom. 4, pag. 332.
Sur les troncs cariés.

Lettre Cinquante-sixième.

LES ENDOMIQUES.

1. E. Écarlate; *E. Coccineus.*
Noir; élytres et corselet rouges, ornés, les premières chacune de deux taches, et le second d'un point noir.
Lat., tom. 12, pag. 77.
Sous les écorces.

2. E. Sans tache; *E. Immaculatus.*
Brun, brillant, sans taches; antennes et pieds rougeâtres.
Lat., tom. 12, pag. 78, *E. des Lycoperdons.*
Lamarck, Lycoperdine, tom. 4, pag. 278.
Dans les champignons.

Lettre Cinquante-septième.

LES COCCINELLES.

1. C. Bis-bipustulée; *C. Bis-bipustulata.*
Noire, pubescente; deux points rouges sur chaque élytre.
Lat., tom. 12, pag. 52.
Geoff., tom. 1, pag. 332, *la C. velue à points.*
Sur les fleurs.

2. C. FRONTALE; *C. Frontalis.*

Noire, pubescente; une tache à chaque élytre.

Lat., tom. 12, pag. 53.

Geoff., tom. 1, pag. 233, *la C. velue à bande interrompue.*

Sous les écorces ou sur les feuilles couvertes de pucerons.

3. C. CHANGEANTE; *C. Mutabilis.*

Corselet orné de jaune dans son milieu et sur ses bords; étuis rouges, marqués d'un point scutellaire et de plusieurs autres dont le nombre varie de deux à douze.

Lat., tom. 12, pag. 56.

Geoff., tom. 1, n° 5 et 6.

Sur divers arbres.

4. C. A DIX-NEUF POINTS; *C. Novem decim punctata.*

Jaune ou rose; six points noirs sur le corselet, dix-neuf sur les étuis.

Lat., tom. 12, pag. 57.

Geoff., tom. 1, pag. 325.

Assez rare.

5. C. A SEPT POINTS; *C. Septem punctata.*

Corselet fauve orné sur ses côtés d'une tache blanche; étuis rougeâtres marqués de sept points noirs.

Lat., tom. 12, pag. 62.

Geoff., tom. 1, pag. 321, n° 3.

Elle se trouve partout.

6. C. A DOUZE POINTS; *C. Duodecim punctata.*

Jaune; corselet punctué de noir; élytres ornées d'une suture noire et de plusieurs points dont quelques-uns sont réunis.

Lat., tom. 12, pag. 71.
Geoff., tom. 1, pag. 329. *la C. jaune à suture.*

Lyonnais. Sur les haies.

7. C. Onze taches; *C. Undecim maculata.*
Corselet sans taches; étuis chargés de onze points noirs.
Lat., tom. 12, pag. 72.
Geoff., tom. 1, pag. 325, n° 9.

Lyonnais. Sur les haies.

8. C. Latérale; *C. Lateralis.*
Noire, luisante; côtés du corselet rouges et un point de même couleur au milieu de chaque étui.
Lat., tom. 12, pag. 74.

Lyonnais. Sur les fleurs.

9. C. Quadri-pustulée; *C. Quadripustulata.*
Noire; élytres ornées chacune de deux taches rouges dont la première lunulée.
Lat., tom. 12, pag. 74.
Geoff., tom. 1, pag. 333, *la C. tortue à quatre points rouges.*

Lyonnais. Sur diverses plantes.

Lettre Cinquante-huitième.

LES PSÉLAPHES

1. P. Chennie; *P. Chennium.*
Châtain; tête tuberculée.
Lamarck, tom. 4, pag. 275.
Lyonnais. Rare.

2. P. Sanguin; *P. Sanguineus.*

Brun; élytres rouges, comme plissées à leur base.

Lat., tom. 12, pag. 80.

Sur les plantes, près des lieux aquatiques.

SECOND ORDRE.

Lettre Cinquante-neuvième.

LES FORFICULES.

1. F. Auriculaire; *F. Auricularia.*

Antennes de treize à quatorze articles.

Lat., tom. 12, pag. 90.

Geoff., tom. 1, pag. 374.

Très-commun sous les pierres et sous les écorces.

2. F. Gigantesque; *F. Gigantea.*

Antennes de près de trente articles.

Lat., tom. 12, pag. 90.

Midi de la France.

3. F. Nain; *F. Minor.*

Antennes de dix à douze articles.

Lat., tom. 12, pag. 91.

Geoff., tom. 1, pag. 376.

On le trouve dans le sable humide, surtout au printemps.

Lettre Soixantième.

LES BLATTES.

1. B. DES CUISINES ; *B. Orientalis.*
Brune ; élytres raccourcies, marquées d'un sillon ovale.
Lat., tom 12, pag. 96.
Geoff., tom. 1, pag. 180.

Trop commune dans certaines maisons. Elle est nocturne.

2. B. LAPONE ; *B. Laponica.*
Jaunâtre ; élytres tachetées de noir.
Lat., tom. 12, pag. 96.
Geoff., tom. 1, pag. 381.

Elle ronge les provisions des lapons; on la trouve en France dans les bois et les boulangeries.

3. B. KAKERLACK ; *B. Kakerlack,*
Ferrugineuse ; corselet blanc par derrière.
Lat., tom. 12, pag. 96.
Geoff., tom. 1, pag. 381.

Cet insecte a été apporté, par des vaisseaux, du nouveau monde où il est un fléau.

4. B. PALE ; *B. Pallida.*
Jaunâtre ; des petites bandes noires sur les côtés du ventre.
Lat., tom. 12, pag. 97.

Dans les bois. Commune près de Thizy.

Lettre Soixante-unième.

LES MANTES.

A. *Pieds antérieurs propres à saisir la proie ; hanches longues.*

1. M. Religieuse ; *M. Religiosa.*

Élytres vertes aussi longues que le corps, sans taches ; ailes hyalines.

Lat., tom. 12, pag. 109.

Geoff., tom. 1, pag. 399.

Inconnue dans les montagnes du Beaujolais.

2. M. Prêcheuse ; *M. Oratoria.*

Élytres vertes, plus courtes que le corps; ailes ornées d'une tache noirâtre.

Lat., tom. 12, pag. 110.

Midi de la France.

B. *Pieds antérieurs incapables de saisir la proie ; hanches courtes.*

3. M. de Rossi ; *M. Rossii.*

Corps aptère, verd ou cendré.

Lat., Phasme, tom. 12, pag. 104.

Midi de la France.

Lettre Soixante-deuxième.

LES GRILLONS.

Se subdivisent ainsi :

Pieds antérieurs	Fouisseurs ;	Antennes sétacées ; tarses postérieurs non tridigités . . . . 1. COURTILIÈRE.
		Antennes filiformes ; tarses postérieurs tridigités . 2. TRIDACTYLE.
	Non fouisseurs; antennes sétacées. . . . . 3. GRILLON.	

1ᵉʳ Genre.

Courtilière [1], Gryllotalpa. Latreille.

Pieds antérieurs fouisseurs; antennes sétacées; tarses postérieures non tri-digités.

1. C. Commune; *G. Vulgaris.*

Jambes antérieures quadridentées; élytres de la longueur de la moitié de l'abdomen.

Lat., tom. 12, pag. 122.
Geoff., tom. 1, pag. 387, pl. 8, f. 1.

Dans les jardins. Rare dans les montagnes du Lyonnais.

2ᵐᵉ Genre.

Tridactyle [2], Tridactylus. Olivier.

Pieds antérieurs fouisseurs; tarses postérieurs tridigités.

1. T. Panaché; *T. Variegatus.*

Noir, mélangé de points jaunâtres.
Lamarck, tom. 4, pag. 258.

On le trouve sur les bords du Rhône, près de Lyon. M. Foudras, dans un mémoire agréable et savant, a décrit cet insecte et donné l'histoire ds ses mœurs curieuses.

---

[1] Étym. *Gryllus*, Grillon; *Talpa*, Taupe.
[2] Étym. Τριδάκτυλος, à trois doigts.

3me Genre.

GRILLON, *Gryllus.* Linné.

Pieds non fouisseurs; antennes sétacées.

1. G. DES CHAMPS; *G. Campestris.*

Noir; ailes plus courtes que les étuis; corselet ayant quelques impressions.

Lat., tom. 12, pag. 124.

Geoff., tom. 1, pag. 389.

Dans les prés. Il périt à dix degrés de froid.

2. G. DOMESTIQUE; *G. Domesticus.*

Jaunâtre; ailes plus longues que les étuis, prolongées en lanières.

Lat., tom. 12, pag. 123.

Il se tient dans des trous, près des fours et des cheminées, principalement chez les boulangers.

Lettre Soixante-troisième.

LES SAUTERELLES.

1. S. A COUTELAS; *S. Viridissima.*

Élytres vertes plus longues que le ventre; tarière de la femelle, droite, de la longueur du corps.

Lat. tom. 12, pag. 130.

Geoff., tom. 1, pag. 398, pl. 8, f. 3.

Très-commune en France.

2. S. A SABRE; *L. Verrucivora*.

Étuis de la longueur du ventre, verds, tachetés de brun ; tarière courbe.

  Lat., tom. 12, pag. 130.
  Geoff,, tom. 1, pag. 397.

Très-commune dans le Lyonnais.

3. S. PORTE-SELLE; *L. Ephippiger*.

Élytres très-courtes , voutées , croisées et reçues en partie sous le renflement du corselet ; ventre verd en dessous, noirâtre en dessus ; tarière presque droite.

  Lat., tom. 12, pag. 135.

Très-commune en automne, sur le genêt, dans les montagnes du Lyonnais.

Lettre Soixante-quatrième.

LES CRIQUETS.

Forment plusieurs genres principaux, qui se reconnaissent aux caractères suivans :

<table>
<tr><td rowspan="3">Corselet</td><td rowspan="2">non prolongé;</td><td>Antennes filiformes; tête non proéminente . . . . 1. CRIQUET.</td></tr>
<tr><td>Antennes ensiformes; tête prolongée en pyramide, qui porte à son sommet les yeux et les antennes . . . 2. TRUXALE.</td></tr>
<tr><td colspan="2">Aussi long, au moins, que le ventre. . . . . 3. ACRIDE.</td></tr>
</table>

1er Genre.

CRIQUET, *Acrydium.* Geoffroy.

Corselet non prolongè; antennes filiformes; tête non proéminente.

1. C. ÉMIGRANT; *A. Migratorium.*

Élytres brunes tachetées de noir; jambes postérieures rousses; mandibules bleues.

Lat., tom. 12, pag. 150.

Dans plusieurs parties de la France.

2. C. BLEUATRE; *A. Cœrulescens.*

Aîles d'un verd d'eau, ornées d'une bande noire.

Lat., tom. 12, pag. 155.
Geoff., tom. 1, pag. 392, n° 2, *le C. à aîles bleues et noires.*

Très-commun dans les montagnes du Lyonnais.

2. C. STRIDULE; *A. Stridulum.*

Aîles rouges, noires à leur extrémité.

Lat., tom. 12, pag. 151.
Geoff., tom. 1, pag. 393, n° 3, *le C. à aîles rouges.*

Commun dans les montagnes du Lyonnais.

3. C. ENSANGLANTÉ; *A. Grossum.*

Aîles d'un jaune verdâtre, claires à leur base et ornées de nervures obscures à leur extrémité; jambes postérieures jaunes.

Lat., tom. 12, pag. 155.

Assez commun dans plusieurs provinces de France.

2.me Genre.

TRUXALE [1], *Truxalis.* Fabricius.

Tête prolongée en pyramide qui porte à son sommet les yeux et les antennes ensiformes.

1. T. GRAND NEZ; *T. Nasutus.*

Verd; ailes hyalines, d'un verd jaunâtre à leur base.

Lat., tom. 12, pag. 147.

Midi de la France.

3.me Genre.

ACHET [2], *Acheta.* Lamarck.

Corselet aussi long au moins que le ventre.

1. A. BIPONCTUÉ; *A. Bipunctata.*

Corselet prolongé postérieurement de la longueur du ventre.

Lat., Tétrix, tom. 12, pag. 164.

Geoff., tom. 1, pag. 394, n° 5, *le Criquet à capuchon.*

Lyonnais.

2. A. SUBULÉ; *A. Subulata.*

Corselet prolongé, plus long que le ventre.

Lat., tom. 12, pag. 164.

Geoff., tom. 1, pag. 395, *le Criquet à corselet allongé.*

Lyonnais.

---

[1] Étym.

[2] Étym. ἀχέτης, nom employé par Aristote, liv. 5, ch. 30; pour désigner une espèce de cigale.

Lettre Soixante-cinquième.

LES PUNAISES.

On a formé de cette famille très-nombreuse un grand nombre de genres, qui peuvent se réduire aux suivans :

Petits yeux lisses existans [1]

- bec de quatre articles ;
  - antennes de cinq pièces ;
    - Écusson prolongé, couvrant les élytres et les ailes . . . . 1. SCUTELLÈRE.
    - Écusson triangulaire, peu développé. 2. PENTATOME.
  - antennes de quatre pièces ;
    - Souvent renflées à leur extrémité ; bords du ventre élargis et souvent relevés . 3. CORÉE.
    - Presque en soie ; bords du ventre non élargis. . . . . 4. LYGÉE.
- bec de deux ou trois articles ;
  - antennes en soie ;
    - bec courbé ;
      - Tête, comme portée sur un col. . . 5. RÉDUVE.
      - Tête non portée sur un col ; pattes antérieures courtes destinées à saisir la proie . . . . 6. PLOIÈRE.
    - bec droit ;
      - Ailes nulles. . . . . 7. PUNAISE.
      - Ailées. . . . . 8. PHYMATE.
  - Non en soie . . . . 9. ACANTHIE.
- Nuls ; pieds postérieurs écartés à leur base. . . . . . 10. HYDROMÈTRE.

1er Genre.

SCUTELLÈRE [2], *Scutellera.* Lamarck.

Bec de quatre articles ; antennes de cinq pièces ; écusson prolongé, couvrant les élytres et les ailes.

---

[1] Cette remarque souffre quelques exceptions dans les punaises aptères.

[2] Étym. *Scutellum*, écusson.

1. S. Siamoise; *S. Lineata.*

Rouge; corselet et écusson rayés longitudinalement de noir.

Lat., tom. 12, pag. 178.

Geoff., tom. 1, pag. 468.

Rare près de Thizy; commune à Beaucaire.

2. S. Noire; *S. Nigra.*

Noire, tarses jaunâtres.

Lat., tom., 12, pag. 180.

Geoff., tom. 1, pag. 468, *la P. porte chappe noire.*

Dans les champs ensemencés.

3. S. Globuleuse; *S. Globus.*

Noire, presque globuleuse; bords du ventre ferrugineux.

Lat., tom. 12, pag. 183.

Geoff., tom. 1, pag. 435, *la P. cuirasse.*

Midi de la France.

2.me *Genre.*

Pentatome [1], *Pentatoma.* Olivier.

Petits yeux existans; bec de quatre articles; antennes de cinq pièces; écusson triangulaire, peu développé.

1. P. Acuminée; *P. Acuminata.*

D'un jaune pâle, avec des raies longitudinales noires en dessus; dernier article des antennes fauves.

Lat., tom. 12, pag. 185.

Geoff., tom. 1, pag. 473, *la Pun. à tête alongée.*

---

[1] Étym. πέντε, cinq; τομή, division; parce que les antennes ont cinq articles.

Commune sur les graminées.

2. P. DES GENÉVRIERS ; *P. Juniperina.*

Verte, bordée de jaune; extrémite de l'écusson flave.

Lat., tom. 12, pag. 191.

Geoff., tom. 1 , pag. 464, *la P. verte.*

Sur les groseliers principalement.

3. P. GRISE ; *P. Grisea.*

Grise, ponctuée de noir; côtés du ventre entrecoupés de noir et de jaune.

Lat., tom. 12, pag. 192.

Geoff., tom. 1, pag, 466, *P. brune à antennes et bords panachés.*

Très-commune et très-puante.

4. P. DES BAIES ; *P. Baccarum.*

Antennes annelées de noir et de blanc; dessous du corps jaune; dessus rougeâtre.

Lat, tom. 12, pag. 193.

Très-commune.

5. P. ORNÉE; *P. Ornata.*

Mélangée de noir et de rouge; ailes et tête noires.

Lat., tom. 12, pag. 194.

Geoff., tom. 1 , pag. 469 , *la P. rouge des choux.*

Dans les jardins.

6. P. DES POTAGERS ; *P. Oleracea.*

D'un bleu verdâtre; une ligne dans le milieu du corselet, extrémité de l'écusson, bords des élytres, ainsi qu'un point à leur sommet, blancs ou rouges.

Lat., tom. 12, pag. 195.

Geoff., tom. 1 , pag. 471, *la P. verte à raies et taches rouges ou blanches.*

Commune sur les plantes crucifères.

7. P. Bicolor; *P. Bicolor.*

Noire; bords du corselet et deux taches sur chaque élytres, blancs.

Lat., tom. 12, pag. 196.

Geoff., tom. 1, pag. 470, *la P. noire à quatre taches blanches.*

Dans les jardins.

8. P. Bordure blanche; *P. Albo-marginata.*

Noire, bord extérieur des élytres blancs.

Lat., tom. 12, pag. 197.

Geoff., tom. 1, pag. 470.

Dans les jardins.

3me Genre.

Corée, *Coreus.* Fabricius.

Bec de quatre articles; antennes de quatre pièces souvent renflées à l'extrémité; bords du ventre élargis et souvent relevés.

1. C. Bordée; *C. Marginatus.*

D'un brun obscur; tête bidentée entre les antennes dont les deuxième et troisième articles sont fauves; corselet arrondi sur ses côtés, en petites oreilles.

Lat., tom. 12, pag. 202.

Geoff., tom. 1, pag. 446, *la P. à bec.*

Sur diverses plantes.

2. C. Bateau; *C. Scapha.*

Brune, tête dentée en dehors de chaque antenne; corselet épineux sur les côtés.

Lat., tom. 12, pag. 203.

Geoff., tom. 1, pag. 446, *la P. à ailerons.*

Peu commune.

3. C. FOLATRE; *C. Nugax.*

Noirâtre; antennes, pattes et bords du ventre variés de noir et de blanc.

Lat., tom. 12, pag. 207.

Geoff., tom. 1. pag. 449, *la P. brune à antennes et pattes panachées.*

Sur les fleurs.

4me *Genre*

LYGÉE [1], *Ligœus.* Fabricius.

Bec de quatre articles; antennes de quatre pièces, presque en soie; bords du ventre non élargis.

1. L. CHEVALIER; *L. Equestris.*

Varié de noir et de rouge; corselet rouge dans son milieu; étuis traversés d'une bande noire et ornés de deux petites taches et d'un point blancs sur leur partie membraneuse.

Lat., tom, 12, pag. 211.

Geoff., tom. 1, pag. 442, *la P. rouge à bandes noires et taches blanches.*

Lyonnais.

2. L. DAMIER; *L. Saxatilis.*

Corselet noir, orné de trois lignes rouges; étuis marquetés de rouge et de noir, avec leurs bords de cette dernière couleur.

Lat., tom. 12, pag. 212.

Geoff., tom. 1, pag. 443, *la P. rouge à damier.*

Rare dans les montagnes du Lyonnais.

---

[1] Étym. obscure.

3. L. Aptère ; *L. Apterus.*

Noir; corselet rouge dans son pourtour; ailes nulles; étuis rouges, ornés d'un point noir à l'extrémité.

Lat., tom. 12, pag. 215.

Geoff., tom. 1, pag. 440, *la P. rouge des jardins.*

Très-commun dans toute la France.

4. L. du Pin ; *L. Pini.*

Noir; corselet cendré ainsi que les étuis, ces derniers marqués d'une tache noire.

Lat., tom. 12, pag. 216.

Geoff., tom. 1, pag. 449, *la P. grise porte-croix.*

Commun dans les montagnes du Lyonnais.

5. L. Champêtre ; *L. Campestris.*

D'un vert jaunâtre; une tache ferrugineuse sur les étuis.

Lat., Miris, tom. 12, pag. 221.

Geoff., tom. 1, pag. 452, *la Punaise verte porte-cœur.*

Commun dans les champs.

6. L. Atre ; *L. Ater.*

Noir sans taches.

Lat., Capse, tom. 12, pag. 229.

Geoff., tom. 1, pag. 460, *la P. à grosses antennes terminées par un fil.*

Dans les bois.

5.me *Genre.*

Réduve [1], *Reduvius.* Fabricius.

Bec courbé ou arqué de deux ou trois articles; antennes en soie; tête comme portée sur un cou.

---

[1] Étym. *Redaviæ*, dépouilles; parce que la larve couverte de poussière semble n'être que la dépouille d'un insecte.

1. R. a Masque; *R. Personatus.*

Noirâtre, un peu velu; un anneau près de chaque ex-trémité des jambes, pâle.

Lat., tom. 12, pag. 258.

Geoff., tom. 1, pag. 436, *la P. mouche.*

On le trouve dans les maisons où sa larve est déguisée sous la poussière qui la couvre; il fait la guerre à la P. des lits et aux autres insectes.

2. R. Ensanglanté; *R. Cruentus.*

Rouge; antennes, tête, partie antérieure du corselet et d'autres taches noires.

Lat., tom. 12, pag. 259.

Lyonnais. Sur les plantes.

6.me Genre.

Ploïère [1], *Ploiera.* Scopoli.

Bec courbé de deux ou trois articles, antennes en soie; tête non portée sur un col; pattes antérieures destinées à saisir la proie.

1. P. Vagabonde; *P. Vagabunda.*

Brune entrecoupée de blanc; pieds postérieurs très-longs.

Lat., tom. 12, pag. 262.

Geoff., tom. 1, pag. 462, *la P. culiciforme.*

Sur les arbres, où elle se balance comme les tipules.

7.me Genre.

Punaise, *Cimex.* Linné.

Bec droit, de deux ou trois articles; antennes en soie; ailes nulles.

----

[1] Étym. inconnue.

1. P. des Lits; *C. Lectularius.*

D'un roux foncé.

Lat., tom. 12, pag. 255.

Geoff., tom. 1, pag. 434.

On ne connnait pas le pays originaire de cet insecte, malheureusement trop répandu aujourd'hui en France.

8.me Genre.

Phymate [1], *Phymata.* Latreille.

Bec droit de deux ou trois articles; antennes en soie; insectes ailés.

1. P. Crassipède; *P. Crassipes.*

Brune; pieds antérieurs en pinces; tête bifide en devant.
Lat., tom. 12, pag. 245.
Geoff., tom. 1, pag. 447, *la P. à pattes de Crabe.*
Dans les bois.

2. P. du Bouleau; *P. Betulæ.*

Brune; corselet dentelé tacheté de blanc; élytres dilatées en avant.

Lat., Arade, tom. 12, pag. 248.
Sur le bouleau.

3. P. du Poirier; *P. Pyri.*

Varié de blanc et de cendré; élytres et bords du corselet ponctués.

Lat., Tingis, tom. 12, pag. 254.
Geoff., tom. 1, pag. 246, *la P. tigre.*
Sous les feuilles du poirier.

---

[1] Étym. φῦμα-τος, qui est sorti de terre.

9.me Genre.

Acanthie [1], *Acanthia.* Fabricius.

Bec de deux ou trois articles; antennes non en soie.

1. A. Tachetée; *A. Maculata.*

Noire; élytres et pattes tachetées de brun jaunâtre.

Lat., tom. 12, pag. 243.

Montagnes du Beaujolais.

10.me Genre.

Hydromètre [2], *Hydrometra.* Latreille.

Petits yeux nuls; pieds postérieurs écartés à leur base.

1. H. des Étangs; *H. Stagnorum.*

D'un noir mat; pattes plus claires.

Lat., tom. 12, pag. 268.

Geoff., tom. 1, pag. 463, *la P. aiguille.*

Sur les eaux stagnantes.

2. H. de Ruisseaux; *H. Rivulorum.*

Noir, ornée de points blancs; ventre fauve.

Lat., Velie, tom. 12, pag. 270.

Sur les ruisseaux.

3. H. des Lacs; *H. Lacustris.*

D'un noir verdâtre; corselet orné de trois sillons élevés.

Lat., Gerris, tom. 12, pag. 273.

Geoff., tom. 1, pag. 463, *la P. nayade.*

Sur les étangs.

---

[1] Étym. Ἄκανθα, épine.

[2] Étym. ὕδωρ, eau; μετρον, mesure; parce qu'elles semblent arpenter les étangs sur lesquels on les trouve.

Lettre Soixante-sixième.

LES HYDROCORISES.

Se subdivisent comme il suit :

Tarses	à un article;	pieds postérieurs peu propres à la nage.	Corps étroit, linéaire; hanches des pattes antérieures très-longues. . . . . 1. RANATRE.
			Corps ovale très-aplati . . . . 2. NÈPE.
		Pieds postérieurs nageurs; point d'écusson . . . . . 3. CORISE.	
	à deux articles;	Pattes antérieures propres à saisir la proie; corps ovale, déprimé . . . . 4. NAUCORE.	
		Pattes natatoires; corps oblong . . . . 5. NOTONECTE.	

1ᵉʳ Genre.

RANATRE [1], *Ranatra*, Fabricius.

Tarses à un article; pieds postérieurs peu propres à la nage; corps étroit et linéaire; hanches des pattes antérieures très-longues.

1. R. LINÉAIRE; *R. Linearis.*

Corselet d'une seule couleur; queue de deux soies, de la longueur du corps.

Lat., tom. 12, pag. 282.

Geoff., tom. 1, pag. 480, *le Scorpion aquatique, à corps alongé.*

Dans les étangs.

---

1 Étym. Ῥάνὶς, pluie; ἄτρὼς, qui ne peut être endomagé.

2.me Genre.

NÈPE [1], *Nepa*, Linné.

Tarses à un article; pieds postérieurs peu propres à la nage; corps ovale et aplati.

1. N. CENDRÉE; *N. Cinerea.*

Cendrée; corselet raboteux; filets de la queue plus courts que le corps.

Lat., tom. 12, pag. 284.

Geoff., tom. 1, pag. 481, *le Scorpion aquatique à corps ovale.*

Dans les mares et les étangs.

3.me Genre.

CORISE [2], *Corixa*. Geoffroy.

Tarses à un article; pieds postérieurs nageurs; point d'écusson.

1. C. STRIÉE; *C. Striata.*

Élytres pâles; ornées de nombreuses lignes ondées, noirâtres.

Lat., tom. 12, pag. 289.

Geoff., tom. 1, pag. 478.

Dans les ruisseaux et les étangs. Elle pique fortement.

4.me Genre.

NAUCORE [3], *Naucoris*. Geoffroy.

Tarses à deux articles; pattes antérieures propres à saisir la proie; corps ovale, déprimé.

---

[1] Étym. nom latin.

[2] Étym. Κορὶς, punaise.

[3] Étym. Ναῦς, bateau; Κορὶς, punaise.

1. N. Cimicoïde; *N. Cimicoides.*
Tête et corselet jaunes, variés de noir.
Lat., tom. 12, pag. 285.
Dans les étangs.

2. N. Tachetée; *N. Maculata.*
Tête et corselet verdâtres, tachetés de brun.
Lat., tom. 12, pag. 285.
Geoff., tom. 1, pag. 474, t. 9, f. 5.
Dans les eaux.

5.me Genre.

Notonecte [1], *Notonecta.* Linné.

1. N. Glauque; *N. Glauca.*
Dessous du corps verdâtre; écusson noir; étuis jaunâtres
avec leur côte en partie tachée de brun.
Lat., tom. 12, pag. 291.
Geoff., tom. 1, pag. 476, pl. 9, f. 6.
Dans les étangs.

TROISIÈME ORDRE.

Lettre Soixante-septième.

LES CIGALES.

Les auteurs modernes ont formé un grand nombre de
genres de cette famille; les espèces de nos pays qui la
composent peuvent être repartis dans les suivans:

---

[1] Étym. Νῶτος, dos; νηκτής, nageur.

Petits yeux lisses au nombre de

deux; antennes de trois articles; insérées entre les yeux; écusson apparent;

trois; antennes de six articles. . . . . 1. CIGALE.

insérées sous les yeux . . . . 2. FULGORE.

Écusson nul ou caché par l'extrémité du corselet . . . . 3. MEMBRACE.

Corselet à bord postérieur prolongé, presqu'anguleux. . . . . 4. CERCOPE.

Corselet tronqué postérieurement en ligne transverse. . . . . 5. TETTIGONE.

1er *Genre.*

CIGALE, *Cicada.* Linné.

Trois petits yeux lisses; six articles aux antennes. Ces cigales sont les seules qui fassent entendre un son bruyant.

1. C. HÉMATODE; *C. Hœmatodes.*

Noire; incisions des anneaux de l'abdomen et nervures des ailes rouges.

Lat., tom. 12, pag. 303.

Midi de la France.

2. C. PLÉBÉIENNE; *C. Plebeia.*

Noire; corselet et écusson tachetés de verdâtre; élytres, ailes et ventre en dessus, sans taches.

Lat., tom. 12, pag. 304.

Geoff., tom. 1, pag. 429, n° 1.

Midi de la France.

2me *Genre.*

FULGORE [1], *Fulgora.* Linné.

Deux petits yeux lisses; antennes de trois articles, insérées sous les yeux.

---

[1] Étym. *Fulgor*, éclat, à cause de la lumière que répandent quelques unes.

1. F. Européenne; *F. Europæa.*

Front conique; corps vert; ailes hyalines réticulées.

Lat., tom. 12, pag. 309.

Montagnes du Lyonnais.

3.me Genre.

MEMBRACE [1], *Membracis.* Fabricius.

Deux petits yeux lisses; antennes de trois articles, insérées entre les yeux; écusson nul ou caché par l'extrémité du corselet.

1. M. Cornue; *M. Cornutus.*

Corselet armé de deux cornes, prolongé postérieurement en une pointe sinuée de la longueur du ventre.

Lat., Centrote, tom. 12, pag. 337.

Geoff., tom. 1, pag. 423, *le petit Diable.*

Sur le coudrier. Lyonnais.

2. M. du Génêt; *M. Genistæ.*

Corselet mutique, prolongé en une pointe moitié moins longue que le ventre.

Lat., tom. 12, pag. 337.

Geoff., tom. 1, pag. 424, *le demi Diable.*

Commune dans les montagnes du Lyonnais.

4.me Genre.

CERCOPE [2], *Cercopis.* Fabricius.

Deux petits yeux lisses; antennes de trois articles, insérées entre les yeux; écusson apparent; corselet à bord postérieur prolongé, presqu'anguleux.

---

[1] Étym. inconnue ou obscure.

[2] Étym. Κερχάω, rendre un son rauque; ὀπὴ, trou.

1. C. a Oreilles; *C. Aurita.*

Corselet à deux oreilles; chaperon de la tête arrondi en avant.

Lat., Lèdre, tom. 12, pag. 334.

Geoff., tom. 1, pag. 412, pl. 3, f. 1, *le grand Diable.*

Montagnes du Lyonnais; mais très-rare.

2. C. Sanguinolente; *C. Sanguinolenta.*

Noire, étuis ayant deux taches et une bande rouge.

Lat., tom. 12, pag. 330.

Geoff. tom. 1. pag. 418, *la C. à taches rouges.*

Très-commune dans les montagnes du Lyonnais.

3. C. Ecumeuse; *C. Spumaria.*

D'un brun verdâtre, avec deux taches blanches sur chaque étui.

Lat., tom. 12, pag. 330.

Geoff., tom. 1, pag. 416, *la C. bedaude.*

Très-commune dans les montagnes du Lyonnais.

5ᵉ Genre.

Tettigone, [1] *Tettigonia.* Geoffroy.

Deux petits yeux lisses; antennes de trois articles, insérées entre les yeux; écusson apparent; corselet tronqué postérieurement en ligne transverse.

---

[1] Étym. Τεττιγόνιον, petite cigale. Aristote (liv. 5, chap. 30.) désigna sous ce nom les petites cigales non chanteuses. On retrouve la même dénomination dans les écrits (liv. 5, ch. 24.) de son illustre élève, Teophraste, qui écrivit avec tant d'élégance, fit de si étonnantes découvertes en botanique et en physiologie végétale, et parla aussi quelquefois des insectes avec tant d'exactitude.

Nous rappellerons, à ce sujet, qu'un de nos amis, M. Thiébant de Berneaud, prépare depuis longues années une édition et une traduction des œuvres com-

1. T. Verte; *T. Viridis.*

Verte, tête jaune avec des points noirs.
Lat., tom. 12, pag. 322.
Geoff., tom. 1, pag. 417, *la C. verte à tête panachée.*
Commune en France.

2. T. Interrompue; *T. Interrupta.*

Jaune; deux bandes noires sur chaque étui.
Lat., tom. 12, pag. 322.
Geoff., tom. 1, pag. 419, *la C. jaune à raies noires obliques.*
Lyonnais.

3. T. de l'Orme; *T. Ulmi.*

Verte; élytres brunes à leur sommet avec un reflet doré.

---

plettes de Théophraste, dans laquelle il donnera d'amples renseignemens sur les objets traités par ce philosophe.

Nous avons vu ce travail considérable; il est fait consciencieusement et appuyé de tous les ouvrages dans lesquels il a puisé des renseignemens et des faits jusqu'ici négligés ou demeurés ensevelis. Déjà l'institut de France et les premières sociétés savantes ont annoncé le résultat intéressant des recherches de M. Thiébaut de Berneaud. Dans le premier vol. de ses *Élémens de botanique et de physiologie végétale*, (édition de 1814.) en parlant de Théophraste et des services rendus aux sciences par ce grand philosophe, M. de Mirbel cite avec éloge le travail de son nouveau traducteur. M. Cuvier, dans son rapport sur les travaux de l'académie des sciences, pour l'an 1814, dit à ce sujet : (p. 21) « M. Thiébaut de Berneaud se propose de donner une traduction « française des œuvres de Théophraste, et pour reconnaître plus aisément « les végétaux dont ce célèbre successeur d'Aristote a parlé, a entrepris et « en partie réalisé des voyages dans les pays où ces végétaux croissent. » Le savant Sécrétaire énumère ensuite quelques uns des résultats obtenus par M. de Berneaud non seulement sur les espèces indiquées par Théophraste, mais encore sur celles dont il est question dans les autres auteurs grecs et latins.

Il serait à désirer que l'administration, cédant aux désirs des nombreux amis des sciences, favorisât la publication de ce travail important, et nous fit jouir des œuvres d'un philosophe dont notre langue n'a pas encore reproduit les écrits.

Lat., tom. 12, pag. 324.

Geoff., tom. 1, pag. 427, *la C. moucheron verte.*

Sur les arbres.

4. T. Nitidule; *T. Nitidula.*

Jaune; élytres d'un blanc transparent avec deux bandes noires.

Lat., tom. 12, pag. 325.

Dans les prés.

5. T. Boucher; *T. Lanio.*

Verte; tête et corselet rouge incarnat.

Lat., tom. 12, pag. 325.

Lyonnais.

6. T. Mélangée; *T. Mixta.*

Mélangée de jaune et de noir; ailes noires.

Lat., tom. 12, pag. 326.

Dans les prés.

7. T. des Rosiers; *T. Rosæ.*

Jaune; élytres blanches avec l'extrémité membraneuse.

Lat., tom. 12, pag. 327.

Geoff., tom. 1, pag. 428, *la Cigale des charmilles.*

Lyonnais.

8. T. Atre; *T. Atra.*

Noire, luisante; ailes blanches.

Lat., tom. 12, pag. 328.

Lyonnais.

Lettre Soixante-huitième.

LES PSYLLES.

1. P. DU FIGUIER ; *P. Ficus*.

Brune ; antennes épaisses, velues ; nervures des ailes brunes.

Lat., tom. 12, pag. 379.

Sur le figuier.

2. P. DU BUIS ; *P. Buxi*.

Verte, antennes sétacées ; ailes d'un brun jaunâtre.

Lat., tom. 12, pag. 379.

Geoff., tom. 1, pag. 485.

Sur le buis.

3. P. DE L'AUNE ; *P. Alni*.

D'un vert jaunatre ; nervures des élytres vertes.

Lat., tom. 12, pag. 380.

Geoff., tom. 1, pag. 486.

Les larves vivent en société sur l'aune. Elles sont couvertes d'un duvet cotonneux. Si on les prive de cette matière, il leur pousse, au bout d'un demi quart d'heure, des filamens assez longs.

4. P. DES JONCS ; *P. Juncorum*.

Rougeâtre ; antennes plus grosses au-dessous de leur milieu.

Lat., Livie, tom. 12, pag. 375.

Lyonnais.

Lettre Soixante-neuvième.

LES COCHENILLES.

Forment deux genres :

Antennes { De dix à onze articles. . . . . 1. COCHENILLE.

{ De huit à neuf articles. . . . . 2. DORTHÉSIE.

1er Genre.

COCHENILLE, *Coccus.* Linné.

Autennes de dix à onze articles.

1. C. DES SERRES; *C. Adonidum.*
Ovale; corps roux, poudré de blanc.
Lat., tom. 12, pag. 383.
Geoff., tom. 1, pag. 511.
Dans les serres.

2. C. DU PÊCHER; *C. Persicæ.*
Oblongue, ferrugineuse.
Lat., tom. 12, pag. 506.
Geoff., tom. 1, pag. 510, pl. 10, f. 4.
Sur le pêcher.

3. C. DES ORANGERS; *C. Hesperidum.*
Oblongue ovée, brune ; échancrée postérieurement.
Lat., tom. 12, pag. 387.
Geoff., tom. 1, pag. 505, n° 2, *le Kermès des orangers.*
Sur les orangers.

2.me *Genre.*

DORTHÉSIE [1], *Dorthesia*. Bosc.

Antennes de huit à neuf articles.

1. D. DE DELAVAUX; *D. Delavauxii.*

Ailes du male relevées à l'extrémité ; ventre frangé.

Décrite dans les actes de la société linnéenne de Paris, tom. 3, p. 290, (pl. 12) par M. Thiébaud de Bernéaud et consacrée à la mémoire de M. Delavaux, d'Avalon.

On la trouve sur la germandrée sauvage.

Lettre Soixante-dixième.

LES PUCERONS.

Forment trois genres :

Antennes
{ De six articles . . . . 1. ALEYRODE.
{ De sept articles . . . . 2. PUCERON.
{ De huit articles . . . . 3. THRIPS.

1.er *Genre.*

ALEYRODE [2], *Aleyrodes.* Latreille.

Antennes de six articles.

---

[1] En l'honneur de J. A. Dorthès de Nîmes.

[2] Étym. Ἄλευρον, farine, à cause de la poudre qui couvre ces insectes.

1. A. DE L'ÉCLAIRE; *A. Chelidonii.*

Couverte d'une poudre blanche; aîles couleur de neige.

Lat., tom. 12, pag. 348.

Geoff., tom. 2, pag. 172, *la Phalene culiciforme de l'éclaire.*

Sur la chélidoine.

2me Genre.

PUCERON, *Aphis.* Linné.

Antennes de sept articles.

1. P. DU ROSIER; *A. Rosæ.*

Vert; antennes noires.

Lamarck, tom. 3, pag. 469.

Sur le rosier.

2. P. DE L'ORME; *A. Ulmi.*

Brun, couvert d'un duvet blanc; cornes courtes.

Lat., tom. 12, pag. 345.

Geoff., tom. 1, pag. 494.

Sur l'orme.

4. P. DU SUREAU; *A. Sambuci.*

D'un bleu noirâtre; cornes allongées.

Lat., tom. 12, pag. 346.

Geoff., tom. 1, pag. 495.

Couvrant quelquefois presqu'en totalité les branches du sureau.

3me Genre.

THRIPS[1], *Thrips.* Linné.

Antennes de huit articles.

---

[1] Étym. Θρὶψ, vers qui ronge le bois.

La classification de ces insectes est rendue difficile par leur petitesse; peut-être n'appartiennent-ils pas même à cet Ordre.

1. T. Noir; *T. Physapus.*

Noir, velu; aîles blanches sans taches.

Lat., tom. 12, pag. 351.

Geoff., tom. 1, pag. 384, pl. 7, f. 6.

Sur les fleurs, surtout les flosculeuses. Il est très-agile.

2. T. de l'Orme; *T. Ulmi.*

Noir, élytres livides sans bandes.

Lat., tom. 12, pag. 351.

Geoff., tom. 1, pag. 385.

Sur les fleurs.

3. T. a Bandes; *T. Fasciata.*

Brun; élytres à bandes noires et blanches.

Lat., tom. 12, pag. 352.

Geoff., tom. 1, pag. 385.

Sur les fleurs.

FIN.

TABLE

---

* Nous avons indiqué en lettres italiques les genres que nous n'avons pas cru devoir adopter.

C.

R.

TABLE

DES MATIÈRES CONTENUES DANS CE VOLUME.

FIN DE LA TABLE DU DERNIER VOLUME.

ERRATA.

Page 16, ligne 22, *solution*, lisez *dissolution*.
— 49, — 17, *conjectures*, lisez *opinions*.
— 58, — dernière, *Gantharides*, lisez *Cantharides*.
— 65, — 17, ῥινοχόος, instrument pour instiller dans le nez, lisez ῥύγχος, bec.